Ethnic costume elements and fashion design

民族服饰
元素与时尚设计

苗族服饰篇

张顺爱 著

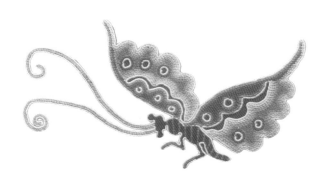

东华大学 出版社·上海

图书在版编目（CIP）数据

民族服饰元素与时尚设计．苗族服饰篇/张顺爱著．
-- 上海：东华大学出版社，2024.7
ISBN 978-7-5669-2260-1

Ⅰ．①民… Ⅱ．①张… Ⅲ．①苗族—民族服饰—服
装设计—中国 Ⅳ．① TS941.742.8

中国国家版本馆 CIP 数据核字（2023）第 164018 号

策划/责任编辑：谭 英
封 面 设 计：彭 波

民族服饰元素与时尚设计 苗族服饰篇
Minzu Fushi Yuansu yu Shishang Sheji Miaozu Fushi Pian

张顺爱 著

东华大学出版社出版

上海市延安西路 1882 号

邮政编码：200051 电话：（021）62193056

出版社网址 http://www.dhupress.dhu.edu.cn

天猫旗舰店 http://www.dhdx.tmall.com

上海万卷印刷股份有限公司印制

开本：787 mm×1092 mm 1/16 印张：11.75 字数：309 千字

2024 年 7 月第 1 版 2024 年 7 月第 1 次印刷

ISBN 978-7-5669-2260-1

定价：65.00 元

目录 | CONTENTS

序言 | PREFACE

　　中国是一个历史悠久的多民族国家，各民族都有着灿烂而悠久的文化和艺术传统。在历史发展过程中，各民族人民在中华大地上相互交流交融，共同创造、传承和发展中华文化，形成了气象恢宏的中华文化。中华大地的先民们以独特的审美和技艺，创造了丰富多样的民族服饰。这些服饰不仅具有实用性，还承载着深厚的文化内涵和民族精神，深深植根于各民族的历史与文化之中。

　　在时尚设计中运用民族元素，不仅是对传统文化的传承，更是对民族精神的弘扬。通过深入挖掘民族文化的精髓，设计师们创作出既具有时代感又富含文化底蕴的作品，让人们在欣赏时尚之美的同时也能感受到民族文化的独特魅力。同时，为时尚设计注入新的活力，提升设计的品质和价值，激发人们对民族文化的热爱和尊重，增强民族文化的自信心和自豪感。

　　苗族是中国现存并拥有悠久历史的古老民族之一，是一个发源于中国的国际性民族。苗族分散在贵州、湖南、云南、四川、海南等地。苗族人们聚居在山区，由于交通不便及与其他民族交流不畅，形成了"十里不同风，百里不同俗"的民俗风格。苗族服饰不仅以精湛的制作工艺被列入我国非物质文化遗产名录，还更以其丰富的文化内涵为苗族地区的历史与文化、民俗与信仰的研究提供了重要的素材，具有重要的研究价值。苗族服饰不仅有充分的统一性，同时还有繁多的种类。因为区域的差异，所以不同苗族支系的服饰有着个性鲜明的特征。据不完全统计，苗族的不同款式的服装就有170多种，其款式之多堪称世界各民族之首。多样的苗族服饰是中国民族服饰艺术中的重要组成部分，是时尚创意的取之不尽、用之不竭的灵感源泉。

　　当代人们越来越注重文化的多样性和独特性，日趋同质化的产品难以满足高质量的人本需求与个性化追求。民族文化是一个民族在长期的历史发展过程中形成的，具有独特性和不可复制性。因此从本土出发，从民族文化中提炼出好的设计元素，通过创新设计的手法表达好文化特征，就可以更好地传承民族文化，并且还会增强人自身与所属文化的联系和归属感，从而增强凝聚力。我们不难发现，当今大量设计产品中包含的文化因素越多，其审美丰富度就越高，人们对产品情感的唤起也就越强烈，此时的设计产品不言而喻地更贴近目标群体和个体。可以说，现代化与高科技是手段，设计中的时尚解读是表现形式，借此之力保护、活化民族传统文化则是目的。

　　总之，优秀传统文化的继承和"创造性转化、创新性发展"是我国文化发展的需要，民族服饰元素的时尚创新应用是时代的需要。希望本书能激发更多的学者探讨这个课题，更多的设计师关注这个主题，使民族服饰的研究及民族元素的运用走向一个崭新的阶段，让各族人民的智慧和丰富的审美经验以新的方式得以传承、发扬光大。

第一章

民族服饰与时尚

在当今时尚化趋势不断加速的现实下，本土的、民族的艺术资源与时尚设计语言相契合，从而传承创新、继往开来，在设计实践的动态发展中总结方法论并在理论上建构模型，形成层次丰富且相对应于当代社会需求结构、适用于当下的创新设计方法论，势在必行。

民族服饰，无论从其款式之丰富、多姿，风格之古朴、独特，工艺之传统、精致，还是从其服饰文化内涵及其穿着习俗，都使人强烈地感受到它那十分独特的魅力。如今，中国民族服饰中的设计元素越来越受到国内外设计师的青睐，对民族服饰的研究和民族服饰元素的综合运用，已经成为现代时尚设计中重要的表现手段。这些元素的应用可为现代设计注入更多的文化元素和艺术气息，提升设计的品质和内涵，并形成一种独特的风格。因此，探索和学习民族服饰中的设计元素，是振兴现代设计的一个必要的课题。

第一节 理解时尚

中国改革开放 40 多年来，人们的生活水平提高了很多，在社会、文化、精神等方面发生了"从农村到城市"的巨大变革，带来了人们生活方式的都市化、人口结构的分散化、大众传播的普及化、思想观念的现代化，也带来了消费、审美趣味上的翻天覆地的变化。同时，这也给作为都市文化重要表现形态之一的艺术创作、设计审美、美学评价等领域带来了重要影响，促使人们需要主动对传统生活方式、价值观念等进行更新与转型。近年来，越来越多地听到"时尚"一词，比如时尚人士、时尚界、时尚街、时尚达人、时尚杂志、时尚语言以及穿着很时尚等。有的指人，有的指行为，有的指物品，有的指思想，甚至有的指场所，在衣食住行方面没有无时尚的领域。尽管不同历史时期的研究者对时尚的定义和表述有所不同，时尚的内容和载体也千差万别，但通过对历史上各种解说的梳理，还是能够较为全面和准确地概括"时尚"内涵和外延的定义。

英语中对应"时尚"一词的是 fashion，它来源于拉丁文，最初意思是"制作的或人为的"。狭义的 fashion 专门指时装，更多地指向服饰和配饰的流行，是人们对美的追求和表达。而广义的 fashion 所指的范围就宽泛多了，包括生活方式、思想、语言、行为等方面。《辞海》将其定义为"一种外表和行为模式的流传现象，如在服饰、语言、文艺、宗教等方面的新奇事物通常会很快吸引多数人去模仿、流传和推广……"。"时尚"由"时"和"尚"两个字构成，就是短暂的时间内能崇尚起来的社会行为和生活样式。通常人们默认的狭隘意义上的时尚是服饰，但广泛意义的时尚也越来越受重视，包括思想观念、行为方式、生活品位上的与众不同和备受推崇。

时尚概念的界定并非一成不变，作为一个多维度、多层面的概念，随着时代、文化和社会背景的变化,其界定与理解在不断地演变与深化。如今,时尚已经不仅仅是一种外在的装扮,更是一种内在的态度和个性的表达。参考和结合诸多学者的研究,可以认为:时尚是一种流行现象,是指一个时期内社会上或某一群体中广为流传的生活方式。它通过社会成员对某一事物的崇尚和追求,达到身心等多方面的满足。时尚的本质是标识自己的与众不同,以期获得一种被关注的优越感。它不同于另类,是由一部分拥有社会话语权的人率先引领,随后慢慢被整个社会接受、认同并开始被模仿的行为方式。在时代的进步和社会的发展过程中,社会一致化倾向与个性差异化的心理产生诉求,这种诉求满足了后又产生新的诉求,这样时尚就不断更替,同时让各种不可言传的内心情感在其中得到解放,得到舒展与满足。时尚本身是一种极富创造力、极有灵性的探索和追求。它不仅仅局限于服装、配饰等外在形象的展现,而且更是一种生活态度、审美观念和文化价值的体现。在现代社会,时尚已经成为人们追求个性、表达自我、彰显身份的重要方式。

一、时尚的特征

创新是时尚的生命力所在,它不断推动着时尚的发展和演变;独特性是时尚的魅力所在,它使得每个人都能在时尚中找到属于自己的风格和定位;流行性和传播性则是时尚得以广泛传播和影响社会的重要因素。作为一种独特的社会现象和生活方式,时尚的本质和内涵决定其具有新奇性、短暂性、普及性、周期性等基本特征。

(1)时尚的新奇性。新奇性是时尚最为显著的特征。从时间角度说,时尚的新奇性表示和以往不同,和传统习俗不同,即所谓"标新";而从空间角度说,时尚的新奇性表示和他人不同,即所谓"立异"。在服饰上,新奇性表现在色彩、花纹、材料、样式等设计的变化方面。时尚界不断推陈出新,通过创新设计,满足人们对美的追求。审美追求则是时尚发展的不竭动力。

(2)时尚的短暂性。它是由时尚的新奇性所决定的。一种新的样式或行为方式的出现,为人们广泛接受而形成一定规模的流行,如果这种样式或行为方式经久不衰就成为一种日常习惯或风俗,从而失去了时尚的新奇性,那么,这种样式或行为就不再是"时尚"了。这在服装的流行中较为突出。

(3)时尚的普及性。是现代社会时尚的一个显著特征,也是时尚的外部特征之一。在特定的环境条件下,某一社会阶层或群体的人对某种样式或行为方式的普遍接受和追求,这是时尚的普及性的表现。如今,科技与新媒体的发展,加快了时尚的普及和更新速度。

(4)时尚的周期性。时尚的过程有产生、发展、盛行和衰退等不同阶段和状态,具有比较明显的周期规律和动态变化的过程。周期性在服装的流行中尤为明显,如裙子的长短、领带的宽窄、裤脚的肥瘦等的交替变化。

总之,新奇性是时尚的本质特征,是人们求新、求变心理的直接反映。短暂性和周期性反映了时尚的时间特征,是人们求新、求变心理的必然结果。普及性反映了时尚的空间特征,是人们趋同和从众心理的外在表现。人们通过对时尚的追逐，表达对美好事物的欣赏和追求，或以此抒发个人内心的情绪。

时尚不仅是一种外在形象的展现，更是一种内在精神的表达。不仅在服装款式和色彩搭配上体现，更体现在人们的生活方式和价值观念上。在探究如何将民族元素运用到时尚设计前，势必需要对时尚的发生、发展、传播、演化机制以及时尚与当代设计、商品经济、社会人文间错综复杂的呼应关系，作针对性的梳理与解读。

二、时尚的运行机制

时尚的概念与内涵体现在其对个体和群体的塑造作用上。人们通过选择适合自己的时尚元素和风格，可以表达自己的个性、情感和态度，从而塑造出独特的个人形象，展现自己的个性和品味。同时，时尚也影响着社会群体的审美观念和文化取向。

在日常生活中，个人的态度和行为方式常常受到他人或所属群体的影响，从而使个人在行动上与群体规范保持一致，以此获得认同感和归属感。群体是指由两个或两个以上，且具有一套共同的规范、价值观或信念的个人组成，他们彼此之间存在着隐含的或明确的关系，因而其行为是相互依赖的。每个人都生活在某些群体中，并在这些群体中履行自己的角色、义务和权利。群体成员之间具有一定的共同目标，心理上有依存关系和共同感，并存在一定的相互作用与相互影响。服饰是无声的语言，时尚服饰具有非言语沟通功能。所以，一个人或一群人的时尚服饰对他人来说会产生一种刺激和信息传递。式样独特、色彩鲜明、新奇夺目，就是非言语的刺激。通过这种非言语刺激，个体或群体的"潜在信息"会充分地显现出来。

就个体而言，通过个体所属群体对时尚的不同需求与表达方式，能够带来与其他群体产生距离感的心理体验。同理，个体以时尚为外化表征，则能迅速融入所属群体，获得心理归属感及审美层面上的愉悦与慰藉。这些群体通过对时尚的不同外化手法，结成属于各自的情感共同体，达到审美与品位的一致。在时尚机制过程中，经由对时尚品鉴的"生存心态"，能够在一定程度上结成情感共同体，从而在时尚传播与接受过程中，形成美学意义上的"审美共通感"。可以说，通过时尚满足了不同群体对各自生活的诉求和各异的隐秘愿望。这是时尚的个人机制和群体机制。

从时尚的心理机制看，时尚的产生与发展也是人们心理欲望的直接反映。既有个性追求、自我表现，也有趋同从众，时尚是这两种看似对立的心理相互作用的结果。首先，时尚的产生是个性追求的结果，是人们求新、求异心理的反映。通过追求时尚，人们可以表达自己的个性、理念、情感和态度。时尚中的个性追求、自我表现是时尚的个人机能，它试图通过标新立异、与众不同来提高身价，满足心理上的欲望。其次，从时尚的社会机能看，它是个体适应群体或社会生活的一种方式，是一种从众现象。时尚不像法律那样具有强制性，但它具有很强的暗示性，对一些人有一种束缚的力量，这种力量会转化成一种社会刺激，使一些人产生追随心理。再者，从时尚流行的过程看，早期阶段反映了个性追求、自我表现的欲望，即个人机能起主导作用。在时尚流行的高潮阶段，即越来越多的人开始接受新的样式时，时尚的社会机能——趋同从众心理就开始起主导作用。

随着时代的进步和消费者需求的不断变化，时尚会变得越来越复杂，它既是人们追求美好生活的体现，也是社会进步和文化发展的重要标志。理解复杂的时尚运行机制，就有助于掌握时尚的内在规律和时尚运行背后的逻辑。

三、时尚的采用群体

从时尚流行的过程和影响的规模及追随时尚的心理机制上看，时尚的采用群体可以分四类：时尚革新者、时尚指导者、时尚追随者、时尚迟滞者。

（1）时尚革新者。时尚的早期阶段的采用者通常被称为时尚革新者，他们是社会上的极少数人。研究表明，这类人具有强烈的求新、求异的欲望，性格特点是开朗、活泼，善于交际，有与世俗抗衡的勇气，具有很强的自主能力与好胜心。一般情况下，他们属于经济上比较富裕的年轻人。

（2）时尚指导者。紧随时尚革新者之后的是时尚指导者，他们的人数比革新者多一些。这类人注重自身的完美形象，常常是人们穿着的模仿对象。他们性格开朗，自信、自爱，自尊心和自我宣传癖很强，对他人有较强的指导欲，喜欢参加社交活动。这类人文化程度和收入都比较高，年轻并具有一定的社会地位。

（3）时尚追随者。分为早期和后期追随者。他们是时尚流行过程中的大多数人。早期追随者安全主义倾向明显，性格稳重，有较好的自制力和观察力，较成熟。而后期追随者则顺应潮流的倾向比较明显，性情易变，无主见，易接受他人的影响与指导。

（4）时尚迟滞者。在时尚流行的衰退阶段，采用时尚的人称为时尚迟滞者，他们是时尚流行中的少数人，是属于保守和具有传统倾向的人。

从时尚的社会机能看，时尚在某种程度上将社会成员分成了不同的群体和部分，即时尚反映了追求者的兴趣、偏好，同时又将不采用者从中区别了出来。时尚成为现代社会必不可少的一部分，甚至在当下时尚已经成为一种理念，一种社会态度，在无形中塑造着每个人的个人形象与风格。

任何一种时尚都是在一定的社会文化背景下产生、发展的，它必然地会受到该社会的规范及文化观念的影响和制约。不同的社会文化背景和时代特征，会孕育出不同的时尚风格和审美观念。因此，对时尚的追逐可以归属于人类行为的文化模式范畴。只有充分了解了时尚人群的行为模式及特征，才能确定好目标人群，并按照目标人群的审美观去设计时尚服饰，来满足他们的需求。

四、时尚的传播过程

时尚的传播过程，可以从个人、群体、社会三个不同层次进行分析。其中，时尚的个人到群体过程属于时尚的微观过程，时尚的社会过程属于时尚的宏观过程。时尚的群体传播过程是指在特定社会环境下时尚从一些人向另一些人的传播扩散过程。通常认为，时尚的群体传播有三种基本模式，即上传下、下传上和水平传播模式。

（1）上传下模式，指某种新的样式或穿着方式先产生于社会上层，社会下层的人通过模仿社会上层人士的行为举止、衣着服饰而形成时尚流行。如，18世纪欧洲宫廷里的贵族服饰，就是依靠一种制作精美的"玩偶"，将时尚从上层向下层传播。

（2）下传上模式，是一种逆向传播，即有些样式首先产生于社会下层，在社会下层流行传播，以后逐渐成为社会上层所接受而产生的时尚。如，牛仔裤最早是美国西部矿工的工装裤，后来得到年轻人的欢迎，并逐渐被社会上层的人们所认可和接受。

（3）水平传播模式，是现代社会时尚传播的重要方式。现代社会等级观念的淡薄，生活水平的提高，服装作为地位的象征已不再具有很大的重要性。有关时尚的大量信息通过发达的宣传媒介向社会各个阶层同时传播，因此，人们已不再单纯地模仿某一社会阶层的衣着服饰，也不必盲目追随权贵或富有者，而是选择适合自身特点的穿着方式。

以上三种时尚传播模式，与各自的时尚环境有着密切的关系，但无论是哪种模式，其过程都是渐变的、动态的过程。正如前面所述，一种新样式的服装首先在时尚革新者中产生，他们是时尚的创造者或最早采用时尚的人，之后通过时尚指导者的传播和扩散，被时尚追随者模仿和接受，将时尚推向高潮，当大多数人开始放弃时尚样式时，时尚迟滞者才开始采用。在多元化社会中，每一社会阶层都有其被仿效的"领袖"。进入21世纪，社交媒体和互联网的普及也为时尚的传播带来了新的方式，时尚博主、网红等新型时尚传播者的影响力逐渐增强。

综上所述，时尚的传播过程实际上可分为宏观过程和微观过程。时尚的社会辐射过程为宏观过程，活跃于社会的表层，可通过社会的组织体系加以限制或提倡和引导。时尚的微观过程分为群体传播和个人采用过程两个层次，活跃于社会的深层。前者通过大众传媒将个人联系起来，后者通过个人的心理活动使个人与他人区别开来或与群体保持一致。

由此，从时尚的个人机能和社会机能来看，在时尚的传播过程中对个人个性和品位形成重要影响，个人所处的阶层也是决定上述影响的一个重要环节。为此"阶层"这一观念在针对时尚展开的社会文化研究中，显得至关重要。在时尚的传播过程之中，时尚总是被特定阶层的人们所追逐，之后又被不断地效仿并流行开来。在当代，时尚显然广泛地渗透进社会各个阶层之中，日益成为大众所青睐与关注的生活方式。时尚所依凭的群体无疑是社会生活中的人们，这些群体还常常呈现出某种民族性的特征。民族文化与传统显然是时尚创意所要考虑的重要问题。

五、当代时尚

全球化趋势中的当代中国以多元和包容为时尚的发生、传播提供了培育空间，传统时尚的"权威性"特征被转换，形成了多元化、多质化、复杂化的时尚结构。

中国时尚的进程总体上萌发于生产力的发展和社会文明的进步中，与中国社会的物质基础密切相关。在当代，更多的是以一种思想观念或意识形态，隐含于社会上层建筑之中，逐步凝结成"后天习得"的文化成果，且在当代社会中体现为无形的文化价值观，物化后成为有形的流行商品和潮流品牌等社会符号。在这样一个新的时代，当代中国的时尚呈现出前所未有的状态，即多元化的平等结构，人们更多地倾向于将时尚作为一种文化现象。

一方面，时尚不再仅限于个别区域或者特定人群，仅在小范围内流行，而是扩展成为全民参与下的一种风尚。其过程中形成的多元价值观、跨文化多重象征符号的和谐共存，不仅在物质层面改变、丰富了人们的现实生活，更对人们的观念意识产生了史无前例的巨大影响。时尚从上个世纪仅仅局限于奢侈品行列、西方风格为中心的主导，逐渐走向亲民化和风格的全球化。在当代中国，得益于都市化和全球化趋势，如今时尚的个性化和多样化更容易得到保留，时尚审美的共性与设计风格的个性并存，为每个个体提供了丰富的、从精神到物质的选择余地。共性是基础、个性则是亮点，时尚已逐渐演绎成一种消费选择、一种情怀、一种身份识别，体现在身居当代中国的各类人群之中，时尚不仅影响着人们的穿着打扮，更深刻地影响着人们的价值观和生活方式。

另一方面，在当代时尚传播路径中，时尚一改以往从上到下传播的绝对权威姿态，出现了平等化模式即水平的传播模式。在全球化、都市化语境中，人们开始积极塑造"自己"，并在塑造的过程中寻求认可。中国当代时尚文化帮助个体从改革开放初期的单一、盲从的群体心理中逐渐脱离，为个体的塑造提供了一个快速、便捷且行之有效的途径。个体通过对时尚的选择，可以有意识地去改变外化表征，并借此改变或认定自身社会角色，从而顺利融入新的群体，在社会生活中成为自己身体的主宰，比以往任何时代更能选择自己所要的生活与精神活动。

在当代中国，时尚作为一种普遍存在的社会文化现象，不仅反映出个体的经济能力与文化生活状态，并体现出其在当下社会阶段中，个体与他人、个体与群体、个体与社会之间错综复杂的关系。由于财力、知识、文化层次的不尽相同，不同的人群有其自身独特的时尚选择，最终每个人在时尚生活中都烙有一块不标明的印记——社会角色身份，这种角色与身份通过个体的时尚活动传递给其他人。穿着打扮、举止言行、个性好恶等时尚品味和生活方式，成为了人们除去相貌之外无声的社会标签。在个体的社会化过程中，时尚对其社会角色的建构、自我认同、社会认同等因素的认定，发挥了重要作用。

当下从设计学视角观测时尚，不仅仅需要关注其在艺术范畴中蕴含的文化特性与精神品质，还需要通过外部语境即都市化进程中与之相伴随的社会分层现象进行解析。以皮埃尔·布尔迪厄（Pierre Bourdieu，1930—2002，法国社会学家、人类学家和哲学家）为代表的当代时尚研究者，在当代性、消费性和时尚品位等因素的综合研究下，对阶层重新进行了定位。他们认为，不仅通过在商品消费中所体现的时尚品位来分阶层界限，还对不同文化场域、文化实践和文化资本的使用与分布情况来划定阶层的标志并确定其所属地位。皮埃尔·布尔迪厄在《区分：判断力的社会批判》中讲到，按照商品消费中的不同时尚品位，主要存在着三个阶层，即上层阶层、中产阶层、劳工阶层。上层阶层主要消费奢侈商品，同时借助于大众传媒成为当下时尚的代表，在当代社会具有引领导向作用。中产阶层较之上层阶层，在经济资本上并不占明显优势，却拥有众多文化资本，通常以艺术、时尚等文化消费展示自己的品位。劳工阶层主要以大众娱乐、公共活动等作为自己的文化标志，在经济和文化资本上占有相对较少。由于以布尔迪厄为代表的现代时尚文化研究学者，不仅仅以经济能力的高下作为划分社会阶层的唯一标准，同时十分重视特定阶层所占有的文化资本和具备的审美品位，因此他们定义下的"中产阶层"范围比较庞大，并具有很强的包容性和文化衍生能力。这些"中产阶层"对新的事物、时尚潮流更乐于接受，且具有强大的时尚转化能力，能够带动时尚的扩展和衍生，并可能在扩展和衍生的过程中创造出新的时尚群体。当然，由于当代社会的复杂性以及社会群体的多元性，以上布尔迪厄的分层区隔仅是一种大致的区分，体现出在抽象意义上的文化资本分布情况。但客观而言，工业革命后尤其在生产力进步和物质日趋丰裕的当代，中产阶层借以对财富的孜孜以求实现了社会地位的稳步提升，成了当代时尚消费的中流砥柱。不言而喻，中产阶层作为上层与劳工之间的过渡阶层，不仅数量庞大并具备较强的时尚转化能力，因此对当代大众的时尚品位选择，有着重要的引导作用。就当代中国时尚的传播而言，都市中产阶层越来越成为时尚借以表达和传递的最大群体，如今时尚的传播也不再同以往那样，单一的以"自上而下"为唯一传播路径。

中国当代社会中的中产阶层[1]，在拉动经济持续稳步增长、扩大内需、调节贫富差距所产生的冲突、推进中国社会民主进步、主旋律文化构建等各个方面，都起到了决定性作用。当今中国中产阶层也是主流价值观承载的重要群体，是时尚传播、消费的最大群体，由此成为全球各级时尚生产者竞相竭力争取与取悦的对象之一。这一群体从诞生的那一天起，就对自身的社会地位、荣誉声望有着强烈的渴望与诉求，对自身文化身份得到认可的诉求日益激增。中国现阶段中产阶层的这一特征，与上述的时尚指导者和早期时尚追随者的特征非常相似，可以归纳为：自信、自爱、自尊，有文化，追求精神满足，影响力大，是众人的模仿对象，有消费能力和时尚品位等为标签的主流时尚群体。

如今，当代中国都市化过程中，丰富多样的本土文化给时尚带去源源不断的新元素、新文化符号，使得各个阶层的个体具有极大的灵活性，不仅有机会通过接触时尚从而转变自身品位，积累文化资本，还可以为了持续保持其品位与格调，不停地进行自我更新。可以说，当代中国时尚是在三个阶层共同合力创造的过程中，不断向前推进的。在都市化、全球化语境下，许多中产阶层的消费方式不再是物质消费，已经转向文化消费、精神消费。这种转化势必要求民族文化元素，这一传统却又始终伴随时尚而常新的事物，在当代紧随全球与都市时尚，通过创新设计的手法，完成在中产与上层时尚之间的破旧立新。

时尚是一种复杂的社会现象，现今中国社会中影响时尚的因素是多方面的。社会的经济、文化、政治、科学技术水平、当代艺术思潮以及人们的生活方式等都会对时尚的形成、规模和流行时间长短产生不同程度的影响。一方面，现代时尚设计充分结合历次的工业、技术革

[1]　周晓虹. 中国中产阶层调查 [M]. 第一版. 北京：社会科学文献出版社，2005.

命，给人类带来了以科学技术成果为核心内容、赢取商业利润为目的的主流设计产品，进一步便捷了当代生活。另一方面，由于全球区域性、群体性的差异正在逐渐缩小，由工业为基础、科技为支撑的现代设计产品所引发的、在精神层面始料未及的负面效应凸显。因此，时尚一旦离开了内容和意义，它展现的就只是外在形式上的翻云覆雨，是空洞的感性躯壳。它那厚重的历史文化精神也会演变成为一种装点门面的肤浅包装。由此看来，非理性的时尚只是单纯为了变化而变化，它所追求的这种肤浅变化，在现实中除了让事物在无足轻重的基础上变得更加冗余之外，很少有其他功能和意义。所以，文化的时尚表达、时尚化的文化就显得格外重要了。特别是像中国这样有悠久传统文化历史和多元文化特征的国家来说，民族文化的时尚化、时尚的民族文化，更是如此。

第二节　解读民族服饰文化

　　文化是社会成员通过学习从社会获得的生活方式、思维方式和行为特征，是群体（社会）所赖以起作用的规则。服装是一种文化表现，是人们表达思想、感情的方式，同时也是人们的审美意识的反映。

　　服饰文化作为积淀某一个民族的历史、社会、文化、习俗及宗教等诸多内涵的一种文化形态，早已引起学界的兴趣，在研究上从起初的单一的资料解释转向多角度、多方位、多学科互融的研究模式，并在此基础上提出了有关服饰的各种理论。比如，服饰社会学、服饰文化人类学、服饰美学、服饰艺术学、服饰生理学、服饰心理学等。服饰作为人类文化特殊的"遗传"因素，它既充当历史的"见证者"，又扮演某种现代思潮的"代言者"。作为集体无意识的文化模式，服饰具有一定的民族"族徽"功能和文化符号性意义，在某种程度上可以真实地反映出该民族在特定的历史发展中所接触过的某种文化形态和所接受的某种思潮。

　　人类在不断地进步，文化在不断地发展。由于不同文化的相互接触和新文化的进入，文化或缓慢地或急促地发生着变化。当民族传统文化受到外来文化的冲击时往往会出现传统文化的解构与新文化观念的诞生。民族服饰渗透着深厚的民族文化底蕴，是民族文化的组成部分，历史上出现的民族服饰演变无不与政治、经济、军事以及宗教信仰、民俗等文化交流有着密切的联系。民族服饰的发展不只是纵向的沿袭和传承，很多时候也会有横向的借鉴和传播。

　　中国的民族服饰在形成和发展的过程中与地理环境、人文环境及民族信仰等有着深刻而密切的联系。各民族在特定的地理环境中，基于对不同生产、生活方式的理解与适应，呈现出具有浓郁的地域特征、各异的文化心理、独特的审美情趣和迷人的带神话色彩的民族传统服饰。从远古到现代，服饰的发展与这些因素依然形影相随，即使是现在，人们仍然可以在服饰中找到关于民族信仰和生活环境的影子。虽然其表现方式变得更加含蓄、内敛，但是其中的象征意义依旧存在。它们多是利用某种文化符号记录一些本质性的文化现象或习俗，使它们在历史的进程中不易被丢失或忘却。从这个意义上来讲，民族服饰带有一种"活化石"意义的文化符号，它的形成和发展总是能反映出一个民族接触或接受过的多元文化的冲击和影响。因此，在探究民族服饰元素的时尚设计运用的过程中，对民族服饰文化的解读是必不可少的环节。

一、服饰与民族历程

服饰是人类在生存和发展过程中的创造物，是人类物质文明和精神文明的结晶。中国传统民族服饰是各民族在特定的地理环境中，基于对不同生产、生活方式的适应以及在对精神世界的追求中逐步形成的。所以，各民族传统服饰具有浓郁的地域特征、各异的文化心理和独特的审美情趣和民族色彩。

中国是一个有着 56 个民族的多民族国家，在长期的历史发展中各个民族都形成了能够代表和反映本民族历史与文化特点的服饰。民族服饰作为民族传统文化的载体，不仅是各个民族的重要标识，同时也是中国民族文化遗产不可或缺的重要组成部分，是整个中华民族的宝贵财富。传承和保护民族传统服饰文化，保持国家和各民族的个性，是当今社会普遍关注的新课题。

在诸多民族中，苗族是一个成熟较早且带有几分神秘色彩的民族。几乎没有间断的迁徙史，给整个苗族留下了深深的记忆，影响了苗族每一个个体对生命、对历史文化的理解。独特的生命观念和良好的生态环境又让苗族民众在理解人与自然、人与人的关系上具有相互依存的原始生态意识及和谐生存意识。所以，从苗族文化积淀到苗族艺术的创造、从苗族哲学思想到苗族审美意识的形成，都与苗族的悠久历史和生活环境有着密切的关系。又因为文字的缺失，口头文化和服饰文化成为苗族历史的载体，悲壮的苗族迁徙史被苗族先民们用特殊的符号记载在服装上，代代相传。史学家称之为"穿在身上的史书"。

据历史记载，苗族辉煌而多灾多难的历史在我国长江中下游和黄河下游一带开始。几千年来，苗族人民从北向南、由东向西辗转流动，足迹遍于半个中国。国内出版的诸多有关苗族历史的书籍[1]，多将苗族的历史渊源追溯到传说时代的蚩尤和九苗。其认为，由九苗发展为尧、舜、禹时代的三苗，又由三苗发展为商周时的髳和荆蛮，再由荆蛮发展成为春秋战国时期楚的一部分，到秦汉至唐宋时发展为武陵蛮、武溪蛮，到元明清时形成具有各类称谓的"苗"，最后发展成为现在的"苗族"。当然，对于这发展脉络中的枝枝节节，还有不同理解和解释，但其主线似乎已是定论了。在历经这样的发展过程中，苗族人民既保持了自己的文化传统，又吸收了众多民族文化的优秀成分，使自己民族的文化丰富多姿、五彩纷呈，逐

---

[1] 伍新福 . 中国苗族通史 [M]. 贵阳 : 贵州民族出版社，1999；《中国大百科全书 · 民族》. 北京 : 中国大百科全书出版社，1986；《苗族简史》. 贵阳 : 贵州民族出版社，1985.

渐形成了独具特色的服饰文化。

由于苗族内部的支系众多、文化差异较大、地域特征明显，所以不同时代的不同人群对苗族的感知、认识和分类也不尽相同。历史上对苗族有许多称谓。唐、宋以后"苗"开始从对少数民族统称的"蛮"中脱离出来，成为单一的民族[1]。苗族的别称也有很多，曾按其服饰、居住地等方面的不同，在"苗"字前面冠以不同的名称。比如，根据其穿着的服饰颜色不同称"红苗""黑苗""白苗""青苗""花苗"等，根据居住地的不同称"高地苗""八寨苗"等，又或根据其种植的农作物不同称"栽姜苗"等。中华人民共和国成立后开始以苗族统称[2]。

迁徙是苗族历史上频繁而重大的事件，它深深地铭记在苗族人民的心里，烙印在苗族人民的生活之中。黔东南的歌曲《苗族古歌•跋山涉水》唱道：自己的祖先从前"居住在东方，挨近海边边，天水紧相连，波浪滚滚翻，眼望不到边"；他们"翻过水山头，来到风雪坳"，先后渡过"河水黄央央""河水白生生""河水稻花香"的三条大河南下，然后又"沿着稻花香河"西进，"经历万般苦，迁徙来西方，寻找好生活"。歌曲以很长的篇幅表述了他们的祖先南渡和西进的历史过程。湘西苗族的《修相修玛》古诗长歌以及黔西北、黔中、黔北苗族诗歌和传说，也同样表述了大致相同的地理和历程，只是具体地名、路线、情节有所区别而已。云南和川南苗族也有相类似的传说。

川南、滇东北苗族妇女的百褶裙上，往往有三大横条花边，即上条代表黄河、中条代表长江、下条代表西南山区，此顺序刻印着自己祖先的迁徙历程。川南苗族为了不忘祖先，在婚嫁中新娘在送亲者的陪同下去新郎家成亲时，无论夫家住在何处都需绕道自东方进屋；老人病故时，巫师需将亡灵指引回东方故地，与"老祖宗"会聚；安葬死人时，尸体要横葬于山腰，且头一定朝向东方。长期以来，苗族人民就是用诗歌和包括服饰在内的各种习俗来记载自己民族的历史，保持着对东方故土的怀念。

因迁徙带来的不安定，加上社会经济文化发展缓慢，所以苗族没有形成自己的文字。但苗族先民为了让子孙后代都记住家乡，便把黄河、长江及家乡的景色以图案形式绣在衣服上，并代代相传。在贵州雷山，有一个因穿着裙子较长而得名"长裙苗"的支系，该苗族支系的飘带裙多为5节，代表着先民们在迁徙中横渡的五条大江大河，即黄河、淮河、长江、赣江、湘江，而这也印证了苗族的迁徙历程。在苗族服饰中还有一些图案是用来记录苗族先民们在与黄帝和炎帝作战时的场景，以及迁徙过程中所发生的故事。例如，"星宿花"纹样产生于苗族始祖蚩尤在与黄帝作战时靠星宿为夜里行军指引方向的故事；"蜘蛛花"纹样产生于先民作战被围击时，山洞里的蜘蛛立即在洞口织网而骗过追兵，使得他们逃过一难的故事；"九曲江河花"纹样则记录了苗族先民们在迁徙时路过的黄河、长江以及其他的河流。

苗族服饰中还有很多抽象的纹样，这些纹样是由一些线条和几何形组成，看起来很简单，但却有着深刻的内涵。在黔东南地区，有一套广为人知的"兰娟衣"，这套服装也以记载苗

---

[1] 伍新福. 苗族历史考察 [M]. 贵阳：贵州民族出版社，1992.

[2] 杨正文. 苗族服饰文化 [M]. 贵阳：贵州民族出版社，1998.

族迁徙历史为主。传说，在古代有一位苗族首领名叫兰娟，在带领苗族同胞南迁时为了记住南迁的历程，就用彩线在衣服上刺绣各种符号作标记。离开黄河时，她在左袖口上绣了一条黄线，渡过长江时在右袖口上绣了一条蓝线，过洞庭湖时就在衣服胸口上绣了一个湖泊状图案。就这样，每当跨过一条河或翻过一座山时，她都用彩线绣上一个符号。越往南，走过的地方越多，衣服上的符号就越多。这些符号被绣得密密麻麻地，从衣领、袖口一直到裤脚口。直到最后在武陵山区定居下来，她便按照衣服上记录的符号，重新用各种彩线精心地绣出美丽的图案，然后缝制成一套十分漂亮的服装，并将这套服装赠予女儿作嫁妆。从此以后，苗家姑娘出嫁时都去请兰娟教她们绣嫁衣，于是"兰娟衣"开始广为流传[1]。

苗族人民在迁徙过程中不断地被追剿征伐，最后逃亡到偏远、条件艰苦的山区。黔西北小花苗人们世世代代传承并保存下来的"花背"是其族人服饰中的典型代表，是小花苗民族文化的浓缩和象征。"花背"体现了典型的农耕文化下苗人对所处环境的认识和在战乱及迁徙过程中形成的文化追忆，是苗族人民的精神信仰的寄托，蕴含着深刻的文化内涵。

"花背"类比史书，"花背"纹样就可类比记录历史的文字。小花苗族姑娘在迁徙中因不舍美好的家园，便将其绣在服装上，既是对过去美好田园的怀念，也是对未来家园的向往。苗族古歌唱道："远古的事现在还知道，知道格蚩尤老、格娄尤老来开山，开那石块来修建，建座大金城，外墙修成九道拐，城墙粉刷上青灰，城内垫铺着青石，平原金城金闪闪，耀眼夺目映青天"[2]。将小花苗"花背"的两个衣片对齐后可见，古歌中的"金城"，红黄线的"河流"包围着黄色转角的"城墙"，内部是田地、动植物、生产工具等（图1-1）。小花苗人将"金城"纹样装饰在肩部，也可以解读为小花苗人在苦难的迁徙中肩负着昔日的美好家园"金城"，向往美好未来。苗族各支系纹样多充满着绚丽多彩的"花草鱼龙"，而小花苗的"花背"中"金

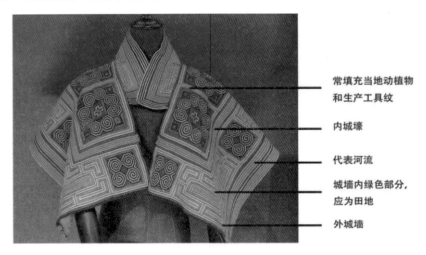

常填充当地动植物
和生产工具纹

内城墙

代表河流

城墙内绿色部分，
应为田地

外城墙

图1-1 黔西北小花苗"花背"

[1]　杨鹃国. 苗族服饰：符号与象征 [M]. 贵阳：贵州人民出版社，1997.

[2]　杨永光，王世忠. 赫章苗族文集 [M]. 贵阳：贵州民族出版社，2009.

城"纹样是其永远的主题。"花背"上的"金城"纹样记录着民族的辉煌历史。困苦的现实生活令他们难以忘怀辉煌的远古文化、悲壮的远程迁移，追忆成了他们的一种生活寄托。"花背"显示了小花苗人对历史的态度，试图让人们负载历史责任感，懂得族群生命来之不易的道理，形成精神文化追求。"花背"体现了小花苗民族的隐忍坚毅的个性和期望家园恢复繁荣的美好生活追求。

由此可见，苗族服饰与民族历史有着密不可分的关系。苗族服饰的形成、分布及其演变经历了一个漫长的历史过程。

二、服饰与生存环境

服饰是人类文明的产物，它作为文化形态的外在表现形式，具有实用性、装饰性和民族性的特点。一个民族的服饰形成除受传统意识、宗教信仰的影响外，更重要的是受其地理条件、气候环境等多方面因素的影响。所以，对民族服饰文化的研究必须是以它所处的社会环境和自然环境等生存环境的理解为前提。

中国是一个多民族的国家，疆域横跨60多个经度，纵越50多个纬度，形成八大生态文化区。丰富多彩的中华民族服饰艺术，处处体现着人们所处的地理环境特色和民族风情。中国少数民族人口虽然只占全国人口的约8.89%（2020年），但居住面积却占全国面积的50%～60%。不同的地理环境造就了不同地区的服饰特征和民族性格。

（一）自然环境与服饰

不同的地理环境和自然条件为不同的服饰类型的最初形成奠定了客观的物质基础。在特定地理环境基础上形成的特殊产业和生产方式，对服装款式产生了深刻的影响。中国疆域广阔，从南向北跨热带、亚热带、暖温带、中温带、寒温带等多个气候带，形成全国气候复杂多样的特点。多样的气候和地形的影响，天然地形成多种不同的生态环境。这些生态经济文化对民族服饰文化的影响是多方面的，其表现在服饰面料的选择、服装形制的形成、服饰文化风貌等多个方面。比如，北方民族以畜牧业为主，宽松肥大的袍式服装适合其游牧生产生活的需要；传统的蒙古靴子的靴尖上翘、靴体肥大，是为了人们在草地上行走时减少阻力和从马鞍上跌落时便于脚从靴中脱出，以保护身体；渔猎民族的袍服与畜牧民族的袍服不同，为了狩猎者上下马或在林中奔跑追逐野兽的方便，渔猎民族如鄂伦春、鄂温克族的猎人袍服下摆开4个衩，而畜牧民族如蒙古族、藏族的却不开衩；以稻作农耕为主的南方各民族，穿着上下分开的短装型衣裙、衣裤，显然比袍式服装更适宜水田劳作。

不同的地理位置所造就的不同气候环境，使得民族服饰的造型和取材与之有着不可分割的关系。例如，生活在温带、寒带的以畜牧业为主要生产方式的民族，由于气候寒冷以及畜牧业所带来的大量毛皮，使其服饰以长袍、长裤款式居多，并以毛皮材料为主。生活在中国东北部的鄂伦春族、赫哲族、鄂温克族，他们的长袍、背心、帽子等都是以毛皮为主要材料制成。鄂伦春族还用完整的狍子头制作"狍头帽"，多为鄂伦春族猎人出猎时戴用，起到掩护、伪装和对猎物的迷惑作用，也体现出了狩猎民族的特点。生活在西北地区的维吾尔、土、东乡、保安、撒拉等民族，以及东南地区的少数民族和东北地区的朝鲜族、满族等民族，大都通过对土地的耕作来获取更丰富的粮棉桑麻油等生活资料。其服装的原材料也不再局限于动物的皮毛，而是更多地采用了自织自染的棉麻土布为主要面料，并以单薄、短小、灵活的衣裙、衣裤为主，式样繁多，并绣有各种精美的纹样和图案，服装的色彩更加丰富，工艺性也更加突出。总体上，中国多样的生态环境、生态经济文化环境下形成了北长南短、北辫南髻、北帽南帕、北靴南鞋、北原色南黑色、北皮南纺等南北方显著不同的服饰文化特征。

服饰的图案也体现了地理环境对服饰的作用。各民族往往习惯于就地取材，将生活中时常出现的动植物及生活场景在服装中表现出来。例如，布依族服饰图案构图巧妙，变化多样，装饰性强，既有写实形态的花、鸟、虫、鱼动植物纹饰，也有抽象形态的几何图案，如曲线、螺旋、齿形、水波等纹饰。这些图案都是布依人民对自己生活环境的高度概括和提炼。

不同民族服饰文化的产生、发展与其地理环境紧密相连，反映了不同地区人们独特的历史、文化及审美观。无论从图案、色彩的搭配还是面料的选择，这些服饰都体现了与大自然的和谐相融。

独特的苗族服饰艺术也是特定地理、气候环境共同作用的结果，也正是特定的自然生态环境和文化氛围造就了今日勤劳的苗族人。为了苗族服饰的深入研究，需要梳理苗族人生活的自然环境和历史人文环境。经过5次大迁徙，苗族主要分布在中国、越南、老挝、泰国等国家。在中国，苗族集中在贵州、湖南、云南、广西、湖北、四川、海南等省份，其中三分之二居住在贵州地区。贵州苗族又以黔东南苗族侗族自治州最多，也最集中。

苗族历史悠久、支系繁多，每一地区的苗族服饰文化都与所处的环境有密切的关系。由于其分布面广，各地情况差异较大，兼之又与许多兄弟民族杂居，受到汉族和其他民族多方面的影响。按照文化生态学的观点，文化形态首先是人类适应生态环境的结果。作为文化的一个组成部分的服饰，离不开其独特的地域性，从地理环境和生态空间中，可以找到其独特的服饰风采。因此，本书依据大多数地区的主要情况来对苗族服饰文化进行概述，其中以长裙苗和短裙苗服饰比较来详细分析服饰与环境的关系问题。

据《蚩尤魂系的家园》[1]讲述，苗族历史上经过五次大迁徙，在第三、四、五次大迁徙后，其中一支聚居在贵州的东南，以雷公山地区为主要聚居地。雷公山脉自西南向东北横亘雷山县全境，最高峰黄羊山海拔1278.8米。地势东北高、西南低，山峦重叠，谷深壑幽。雷山县境内有国家级自然保护区、国家森林公园雷公山，森林覆盖率达72.35%，是一个生态资源大县、民族文化大县、传统村落大县和旅游大县。作为中国苗族历史上数次迁徙集结地之一的雷山，在苗族文化中有着重要的地位，以其浓郁的苗族风情、深远的民族文化内涵，被誉之为"苗族的民族文化中心""中国苗族银饰之乡""苗疆圣地"[2]。

根据雷山县的地貌特征差异，全县地貌可划分为三个不同区域，即东部和中部中山及高

[1] 岑应奎. 蚩尤魂系的家园[M]. 贵阳：贵州人民出版社，2005.
[2] 雷山县县志编纂委员会. 雷山县志[M]. 贵阳：贵州人民出版社，1992.

中山峡谷区、西北部低中山宽谷区、南部中山及低中山峡谷区。由于地貌特征的差异及气候的差异，形成了不同聚居地人民的生活习惯的不相同，这也是雷山县苗族人穿着的服饰有明显差异的主要原因。雷山县境内的苗族，按照穿着裙子的长短可以划分为长裙苗和短裙苗，这也反映了自然环境对人们穿着服饰的影响（图1-2）。

长裙苗

海拔780～1500米，
相对高差约为400米

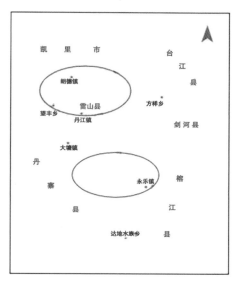

短裙苗

海拔484～1800米，
相对高差600～1300米

图1-2　雷山县苗族分布示意图

　　长裙苗的聚居地在雷公山的西北部低中山宽谷区，属于清水江流域和都柳江流域，主要为丹江、西江、朗德和方祥等地区。该地区的海拔在780～1500米，相对高差较小（约为400米）。该地区的地势由东南向西北倾斜，光照较多，较为温暖，雨量充沛，冬天严寒，夏无酷暑，冬春多雨，年均气温为14～16℃，全年降雨量为1200～1500毫米，相对湿度80%以上，无霜期250～270天，属于亚热带季风气候。在山峦重叠的雷公山地带，该地属于地势较为平坦的宽谷区域，因此当地的苗寨多建在山脚或平坝处。居住在这里的山谷地带的苗族，生活较为便捷，所以当地妇女穿着的盛装裙子多长及脚踝，因而也被称为"长裙苗"。

　　与长裙苗服饰相比，具有较为明显特征的是"短裙苗"。短裙苗的聚居地是南部中山及低中山峡谷区，主要为永乐和大塘区的桥港、桃江等地区。该地区是雷公山脉向东南倾斜的地段，属于都柳江水流域，海拔在484～1800米，相对高差为600～1300米（相对高差较高）。由于河流侵蚀严重，使得该地区地形更为破碎，因而形成狭窄的谷地，山坡陡峭。当地苗寨多建在山腰及山坡上，由于山地地势较为陡峻，苗族让要经常穿梭于山谷和山林之间，生活较为不便。当地女性为了在山间行走方便而穿非常短的裙子，最短的只有几厘米，且为了保护腿部而用绑腿将腿部包裹严实。这样也可以避免在山地行走时带来的磕碰以及山中的蚊虫叮咬。

　　由此可见，苗族服饰的形制在很大程度上受到了居住环境的影响。长裙苗的聚居地多在山脚或平坝处，所以其服饰多为长裙；而短裙苗多居住在山路较为崎岖的山坡上，因此多穿短裙并绑腿。智慧的苗族人们懂得应对和适应艰苦的自然环境。自古以来这种复杂多样的地理气候环境一直影响着苗族服饰的款式、色彩及面料。

（二）人文环境与服饰

民族服饰是民族文化的一种特殊载体。作为物质文化和精神文化的结晶，它的形成、变化和发展，既取决于地理环境、自然条件、生产方式、生产力等客观因素的制约和影响，又取决于诸如民族历史、文化传统、风俗礼仪等人文环境因素的积淀与刻画。可以说，在每一个民族的服饰表象中，都蕴藏着深刻的文化内涵。只有了解了与其表象相关联的文化背景，才能够真正了解民族服饰，把握其生成发展的规律。

各个民族在繁衍生息的过程中流传着许多经久不息的传说，这些传说从多方面影响着每一个民族的生活，其中对服饰的影响尤为突出。通过服饰语言记录民族历史文化，特别是那些没有文字的民族，将民族神话传说转化成特殊的图案符号，通过种种方式在服装上表现出来。例如，彝族姑娘服装上绣的马缨花，是为纪念拯救众姐妹献出宝贵生命的咪依鲁姑娘而特意绣的。马缨花彝语叫"咪依鲁"。相传咪依鲁姑娘死后化成马缨花，开满漫山遍野，人们为纪念她的大智大勇，在每年的农历二月初八都要采摘大量马缨花来挂在家中，并在做新衣服时把它绣在衣服的显眼位置，以便时时想起咪依鲁，歌颂和学习她。马缨花成了彝族人民不畏强暴的象征。

苗族裙上的平行线条、几何纹和白色星点，都是苗族历史上大迁徙的路线图。智慧的苗族人正是以这样的方式来铭记本民族的历史。苗族背部那块绣工精细、色彩鲜艳的方形绣片，相传是一幅画着家乡的画，是苗族祖先在被迫背井离乡向南迁徙时，为了让儿孙记住家乡而特意绣出来让每个苗族人背在身上的。上面绣着苗族祖先住地的种种情况：红、绿波纹代表江河，大花代表京城，交错的条纹代表田埂，花点代表谷穗，此外还有水井、水塘、道路等。苗族人在背井离乡迁徙的时候，为了世世代代记住祖先的这段经历，永远不忘苗家的故地，从衣服上撕下一块布片，把家乡和都城的样子"先画后绣"在布上面。从此苗族男女就把这个有关本民族历史的动人故事"背"在身上，成为自己历史与文化的"记号"，同时又是一种特殊的美饰。苗族中有些青年人的婚姻是在逃难途中缔结的，因此在黔西南地区重建家园之后，他们的后裔为了不忘祖先逃难之苦，在举行婚礼时还保留着新娘须穿草鞋的习俗。

关于蚩尤与"蝴蝶妈妈"的故事，一直是苗族先民反映在服饰上的永久的主题。苗族人较普遍地将"蚩尤"视为自己的先祖。湘西、黔东北的苗族在祭祀时，须杀猪供奉"剖尤"（传说"剖尤"是远古时代一位勇敢善战的领袖）。"剖"，按湘西苗语其意思是公公，"尤"是名字，"剖尤"就是"尤公"之意。湖南城步的苗族有祭"枫神"为病人驱除"鬼疫"的习俗。装扮"枫神"的人，头上反戴铁三角，身上倒披着蓑衣，脚穿钉鞋，手持一根上粗下细的圆木棒。这位令人敬畏的"枫神"就是蚩尤。黔东南的《苗族古歌》中有一首《枫木歌》，歌中唱道："枫树生妹榜，枫树生妹留，榜留和水泡，游方十二天，成双十二夜，怀十二个蛋，生十二个宝，……"这首古歌中的枫树就是苗族的始祖，蚩尤就是从枫树里出来的十二个宝之一，与苗族祖先姜央有直接关系。这些不计其数的传说与故事转化成具有深刻文化内涵的符号，被苗族人们共有、学习、传承，并在苗族各支系的服饰上被世世代代记录下来。

可见，民族服饰与人文环境有着密切的联系，通过对民族服饰的分析可以了解普遍存在于服饰中的民族文化。解读民族服饰文化是体会不同民族社会文化的一个途径，有助于在现代时尚设计中对民族服饰语言的借鉴。

（三）生活环境与服饰

苗族地区人们大多居住在山区，交通不便、相对封闭，因此长久以来都过着自给自足的生活。正是这些原因使得苗族人们在对外交往中处于弱势，也阴错阳差地成全了苗族服饰能够较为完整地保存至今。从他们的居住、饮食、农业生产以及手工业生产四个方面，可见他们典型的文化特征。

1. 居住环境

在居住习俗方面，苗族人喜欢住在高山带，仅有少数苗族人居住在平原地带。黔东南一带的苗族人，喜欢安家于河谷、平坝或山脚处；川南及云南等地的苗族人则喜爱居住在山腰处，也有少数苗族人居住在山顶、河谷、坝区等地。苗族的民居多采用木质结构，建筑形式多为平房和吊脚楼。平房多建在地势较为平坦且气候干燥的地方，吊脚楼则多建在山腰处。黔东南地区及贵州中部地区的苗族民居多为木质结构楼房；贵州松桃地区和湘西地区多采用砖木平房建筑或瓦木平房建筑；贵州西北和云南东北部则大多是土木平房建筑或草木平房建筑；云南及海南两个地区的苗族人多居住在茅草房里。被当代建筑学家定义为最佳生态建筑形式的吊脚楼是苗族的传统建筑，极富民族特色（图1-3）。

吊脚楼也称干栏式建筑，多建在坡度较大的斜坡上，依山傍水，楼体用木柱支撑；一般为三层，最上层层高较低，一般用来存放粮食和种子等，中间层为苗族人正常居住生活的楼层，底层多用来饲养牲畜。吊脚楼非常适合山区的居住特点，倚靠山体，节省占地面积，通风采

图1-3 苗族吊脚楼

光好，四周有栅栏与外界隔离，同样也可以做到防止野兽及盗窃情况的发生。值得注意的是苗族的吊脚楼是木制的，是当地木工纯手工打造，对房子的地基与立柱要求非常高。苗族人们崇拜枫树，因而在建楼房时一定要找一根很大的枫木做房子的第一柱，他们认为只有这样的房子才能建得结实，也可以得到保佑。

苗族人居住的环境对服饰的影响是明显、可视的。比如，长裙苗族居住的苗寨村落，多为平坝处，有很多是在平地上建的平房。所以，这里的苗族人穿长裙，生活上不觉得不便。而短裙苗居住的村寨皆依山而建，分散在山脚和山腰，生活区海拔较高，所以也被称作"高坡苗"。山区地形复杂，山体十分陡峭，特别是冬季"山前雪，山后绿"，蜿蜒的山路行车困难，给山内苗民们进出增加了难度。早年，生活在恶劣生活环境中的苗族人们只能靠双脚走出山区去换取生活必需品。如果穿长款服饰，上山下山就会特别不便。所以，智慧的苗族人们穿短裙，扎绑腿来保护腿。显然，苗族人们的服饰形制是应对和适应其所居住的环境的。

2. 饮食特征

苗族人非常好客，用长桌请客是苗家最真诚待客方式，也叫"长桌饭"或"长桌宴"。"长桌宴"是苗族传统风俗，是苗族宴席的最高形式与隆重礼仪，已有几千年的历史。每逢重大喜庆、节日，村寨乡亲就会聚餐相庆。长桌宴通常是主客分开，左边是主人座位，右边是客人座位。宴席间主客相对，敬酒劝饮并对酒高歌，气氛热烈隆重。如图1-4所示为苗家人围在一起吃长桌饭的场景刺绣。

值得注意的是，在宴请客人时人们用来给客人敬酒的容器是牛角，这恰好反映了苗族人们在自己生活的方方面面体现出对先祖蚩尤的崇拜。在苗族地区有很多物件都是牛角的造型，最为突出的就是苗族女性盛装中的银角，整个银角的两端是牛角的造型，与餐桌上的酒杯造型非常相似。热情、智慧的苗族人们把饮食文化里的食材、器具等都贯穿于他们的传统文化里，还将有些食材用的植物作为符号刺绣在服饰上。

3. 生产方式

农业是为苗族人提供物质生活资料的主要行业，农作物有粮食作物和经济作物两种类型。粮食作物有水稻、玉米、小麦、大麦、红薯、土豆、大豆、黄豆、小米、高粱等，经济作物有茶叶、油菜、辣椒、魔芋和土烟等。由于农耕是苗族人们最主要的生产方式，所以在苗族地区农耕文化对苗族服饰的影响尤为重要。在苗族服饰中多有农耕文化的体现，譬如：

（1）在苗族服饰中较为鲜明的装饰纹样。例如，在苗族盛装服饰中最常用的纹样为龙纹，人们将龙纹装饰在服装上就是希望龙能保佑风调雨顺、五谷丰登。有时候龙纹与牛头造型相结合，牛在苗族人的生活中是帮助人们农耕的，牛、龙纹样无疑是人们对物资富裕的一种愿望（图1-5）。

（2）在苗族地区专门便于农耕使用的背带。它与背孩子的背儿带不同，多为T字造型（背孩子用的背儿带多为方形或长形），通常用来放置背篓等农耕用品。

（3）在苗族非物质文化遗产刺绣、织锦纹样上都可以看到浓郁的农耕文化体现，比如

图 1-4 "长桌宴"刺绣

图 1-5 反映农耕场景的牛纹刺绣

在服饰中以水田纹、鱼纹等纹样来表现苗族水稻田里养鱼的独特生产方式。

4. 手工业生产

苗族手工业为农闲时的作业，一般都是以家庭为单位。苗族的手工业有木工、铁工、纺织、印染、银饰、刺绣等，其中以纺织、染布、刺绣及银饰与苗族服饰的关联最为密切。苗绣、织锦、银饰已经列入我国非物质文化遗产名录。

苗族妇女农闲时的手工作业多为纺、染、织、绣，这也是当地人一种自给自足的生活状态的体现。苗族妇女几乎每个人都会的这些手工技术主要依靠母女和婆媳相传。

苗族的银饰加工技艺也很高超。苗族的银饰主要为日常生活中所戴的配饰和盛装服饰中的装饰。苗族的银饰种类有很多，其中有头饰、颈饰、胸饰、手饰、银质衣片等。头部装饰有银冠、银角、银簪、银梳、银耳环；颈饰有银项圈；胸饰有银质压领；手饰有手镯和戒指；银质衣片为女性盛装服饰中的装饰性银片。银饰的制作工艺较为复杂，要经过铸炼、锤打、拉丝、搓丝、掐丝、镶嵌、洗涤七个步骤。苗族的银饰制作主要为当地男性在农闲时的作业，传承方式以父子、兄弟之间传授为主。

通常苗家人在农忙时就忙于农活，在农闲时就参与一些手工劳作，而手工劳作最主要的为纺织、刺绣以及打制银饰品。从苗族人的纺织、印染、刺绣、木工、银饰品等制作工艺中可以看出苗族人勤劳的生活状态和聪慧的才智。

三、服饰与民族信仰

民族服饰作为民族的外在表征折射出该民族深层的文化心理。当今在许多民族服饰中人们依旧可以看到原始文化印迹，比如万物有灵观念、图腾崇拜、祖先崇拜、生殖崇拜等。苗族的社会文化心理认同主要体现在图腾崇拜、祖先崇拜以及生殖崇拜三个方面。

（一）图腾崇拜

图腾崇拜与自然崇拜不同，自然崇拜是对大自然的一种敬畏之情，而图腾崇拜是指人们认为其宗族同某种动物或植物之间有一种特殊关系，因而将它视为氏族部落的象征和神物加以崇拜，也是"万物有灵"世界观的体现。在苗族服饰中所体现出来的图腾崇拜主要有枫树、蝴蝶、鸟、龙、牛、盘瓠等。

1. 枫树

苗族人民非常崇拜枫树，人们给老枫树烧香、挂红，在修建房屋时也必须先找到一颗大枫树来做房子的第一个中柱，并在村前寨后种植枫树，他们认为只有这样才能得到枫树的庇佑，生活才能平安富贵。这是由于苗族人认为枫树是他们的祖先，如在《苗族古歌·砍枫香树》[1]里讲述到，枫树被砍倒后"树根变成鼓，树尖变锦鸡，树叶变燕子，树皮变蜻蜓，木片变蜜蜂。……还有枫树树干，还有枫树心，树干生妹榜，树心生妹留，这个妹榜留，古时老妈妈"。枫树对于苗族人而言是万物的发祥地，在这种观念的影响下，枫树的形象在苗族服饰中更是随处可见。图1-6所示是苗族古歌和神话故事中苗族祖先产生的过程。

2. 蝴蝶

苗族服饰中最常见的就是蝴蝶纹，它常常作为装饰纹出现在女性盛装的袖部、飘带裙、便装胸前、背儿带、银饰等部位。苗族人对蝴蝶的喜爱与对枫树的崇拜有一定的关系。在《苗族古歌》里讲到，蝴蝶从枫树生下来后，与泉水上的泡沫"游方"谈恋爱，怀孕生下了12个蛋，然后由"鹡宇鸟"替她孵了12年，孵出了人类的始祖姜央及万物，从此才有了苗族。所以苗族人称蝴蝶为"蝴蝶妈妈"。在图腾观念的影响下，苗族人非常喜爱蝴蝶，并将蝴蝶作为装饰图案应用在服装和饰品中。在苗族的盛装和便装中随处可见各种造型的蝴蝶纹，有仿生的、也有抽象的，有刺绣、织锦的，也有印染和银饰的。这些蝴蝶在两翅间或腹部都长

---

[1] 潘定智，杨培德，张寒梅. 苗族古歌 [M]. 贵阳：贵州人民出版社，1997.

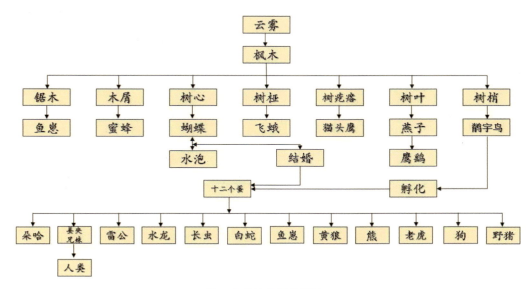

图 1-6 苗族起源传说图

图 1-7 "蝴蝶妈妈"刺绣

了一个人头出来，胖胖的脸、圆圆的眼，亲切而慈祥，这便是蝴蝶"妈妈"的理想形象（图
1-7）。

蝴蝶的造型及视觉效果，因工艺而异，有的写实、有的写意，不管是用哪一种方法表现
的视觉形象，都表达了苗族人民对蝴蝶的崇敬之意。她们把这种感情外化在自己珍爱的服饰
中，朝夕相处，永不忘怀。如图 1-8 所示为平绣蝴蝶纹，用蝴蝶纹勾勒出一个轮廓后再用一
些花草植物图案进行细节填充，整体图案看起来非常饱满、内容丰富。图 1-9 为打籽绣蝴蝶纹，
图中的蝴蝶纹以拟人化的方式表现，造型灵动有趣。

图 1-8 平面化的蝴蝶纹

图 1-9 拟人化的蝴蝶纹

3. 飞鸟

飞鸟也是苗族人所崇拜的图腾。苗族人们对鸟的崇拜主要来自两个方面：一是在《苗族古歌》里讲到，蝴蝶妈妈生下了 12 枚蛋以后，由"鹡宇鸟"帮助她孵了 12 个冬夏，然后才孵出了苗族人始祖姜央以及万物，于是才有了苗族。所以苗族人将鸟看作是他们的守护神。二是苗族人还认为鸟是使者与向导，认为人死后鸟可帮助人们跨过阴间的层层地狱，走向故土。所以苗族人们把鸟纹绣在服饰上，这样能起到标示自己宗族的作用，死后方可得到祖先的认同。鸟纹常出现在盛装的袖部、飘带裙、便装的胸前以及银饰的装饰纹样上，其造型按照用途和表达的情感而呈现出多种多样。图 1-10 所示的鸟纹以破线绣技法、渐变色形式表现出了其小巧可爱、造型简洁的形象。图 1-11 为平绣鸟纹，其色彩较为丰富，造型活泼，形态逼真。图 1-12 中所示的张开嘴、展开翅膀飞翔的鸟形象，与盛开的花相映，呈现出造型灵动飞扬，给人欢腾喜庆的视觉效果。

苗族装饰图案中崇拜鸟的习俗也可通过传统服饰"百鸟衣"看到。这种"百鸟衣"是苗族的宗教盛装，其纹饰构形就是五色凤鸟与花卉的抽象形态，因此也享有"卉服鸟章"的美

图 1-10 可爱型鸟纹

图 1-11 活泼型鸟纹

图1-12 欢悦型鸟纹

图1-13 百鸟衣

誉。在地处黔桂交界处的都柳江流域生活的着盛装"百鸟衣"的苗族人，在盛大的"鼓社祭"时就穿这种"百鸟衣"（图1-13）。在百鸟衣上，不仅以各种造型的鸟纹装饰出色彩斑斓效果，还用白色羽毛装饰，以突出鸟崇拜习俗。祭祀祖先时，"鼓社"组织的"鼓藏头"头戴白色凤尾冠、身披绣有龙凤图案的"鼓藏服饰"，且所有参加"鼓社祭"的族人都穿着盛装，大家一起跳原始古朴的芦笙木鼓舞蹈。

在中国，很多民族都有崇拜凤鸟的习俗。在漫长的历史长河中不同民族在各自的生存环境中把相关的种种现实中的鸟类加以想象和神化，从而创造出具有集体无意识的鸟形象。其多民族属性、多地域性艺术创造，使得凤鸟的形象具有典型的民族性和时代特色。

4. 龙

龙是多种动物的综合体。中华各民族尊奉的龙图腾，是集纳了许多动物形象并加以美化和神化，成为一种超越万物之上的崇拜图腾。龙图腾在原始社会中是超越自然力量的象征。苗族的龙与汉族的龙大相径庭。汉族的龙代表帝王的权威，形象威严；而苗族的龙寄予的是人们对生活的美好愿望，形象憨厚可爱。苗族的龙是人们的守护神，保佑孩童健康成长，保佑人们平安喜乐、风调雨顺、五谷丰登。在苗族人的各种服饰中，这些龙的变形、夸张的造型手段，不受空间概念和比例关系的约束，不受传统的龙形象的束缚。

苗族的龙有很多种，造型也多种多样。《艺苑奇葩——苗族刺绣艺术解读》[1]一书中：根据造型的不同，把"苗龙"分为牛龙、蜈蚣龙、鸟龙、蚕龙、人龙、兽龙、树叶龙、虾龙、飞龙、猫龙等；在形体结构上，头有牛头、虫头、鸟头等，有牛角牛耳或无角无耳，身子有蛇身、蚕身、鸟身、鱼身、兽身、树叶身等，尾有鱼尾、花枝尾、螺丝尾等，脚有一脚、二脚、多脚或无脚。这些不同的龙都有一定的不同内涵意味。例如：牛是帮助人们耕作的，牛龙就表示风调雨顺、农作物丰收以及可以吃饱饭的愿望；鱼代表旺盛的繁殖能力，鱼龙就表示多子多孙的愿望。这些各种各样的龙造型在苗族服饰中都有体现。图1-14为破线绣牛龙纹，绣片中的龙纹颜色丰富，形态逼真，长着牛角，视觉冲击感很强。图1-15为辫绣龙纹，图中的龙张嘴露牙、表情憨厚，颜色搭配十分活泼。图1-16为皱绣龙纹，从色彩到造型给人浑厚、稳重的感觉，图案的表现力很强，具有浓烈的艺术感。

图1-14 破线绣龙纹

图1-15 辫绣龙纹

图1-16 皱绣龙纹

[1] 田鲁. 艺苑奇葩——苗族刺绣艺术解读 [M]. 合肥：合肥工业大学出版社，2006.

图 1-17 牛纹银饰

图 1-18 银饰中的牛头鱼纹

5. 牛

苗族人很喜欢牛，这是因为牛不仅可以帮助他们耕作，更是民族图腾崇拜的体现。在苗族地区，牛崇拜表现在生活中的各个方面，如山路两边的银牛角造型的路灯、招待客人饮酒的牛角杯、在女性盛装服饰中的牛角造型头饰等。古时候就有蚩尤战斗时头戴水牛角厮杀。如今，西江地区苗语把牛角型银角头饰叫"干戈"[1]。这句话揭示了苗族人佩戴的银角与蚩尤部落之间的联系。牛和牛角曾是蚩尤部落作战打仗时用的重要武器，后来人们为了纪念祖先蚩尤，就效仿蚩尤族佩戴牛的犄角。随着生产力的发展，人们觉得天然牛角太笨重，便使用枫木模拟制作牛角为饰。再后来又使用银铸打成具有象征性的银牛角，其形状与水牛牛角相似，并将其戴在妇女头上，成为一种极有民族特色的头饰。现如今银角成了苗族的标志性配饰，在苗族地区的建筑上、服饰上、餐桌上都能看见牛角型的装饰。如图 1-17 所示为牛纹银饰，图中两头牛正以角互抵，其形态非常逼真。图 1-18 为非常独特的牛头鱼纹，是牛头部与鱼身的结合，象征勇猛、多子多福、吉祥富庶。

苗族服饰上的牛纹造型丰富多样，如有的仰天长啸，有的昂首阔步，有的在打架，有的在吃草……贵州丹寨县苗族妇女服装的衣袖上绣有一种叫"窝妥"的传统纹样，其描绘的是水牛头上的旋纹。在苗族刺绣中还常有神兽"修狃"的形象（就是神牛）。"修狃"形象非常丰富，不仅有水牛、犀牛，还有类似麒麟的怪兽——头顶一对弯弯的大角、身披五彩斑斓的鳞片、拖着一条像扫帚样的大尾巴，苗族人称之为"牛变龙"。贵州东部清水江地区苗族人认为，牛与龙相通，有时视牛、龙为一物。"牛变龙""牛角龙"都有牛龙合体的意思（图 1-19）。此种龙的角与反映现实生活场景刺绣中的牛角在造型上几乎没有区别（参考图 1-5）。在苗族的传说中牛、龙均为苗族祖先"姜央"的兄弟，同生于"蝴蝶妈妈"所产的 12 个蛋。

---

[1]　杨夫林 . 西江溯源 [M]. 北京：中国民族博物馆，2006.

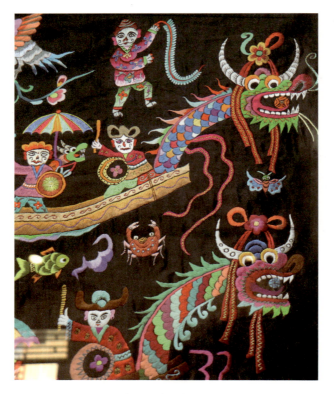

图1-19 台江"牛角龙"刺绣

此外，苗家姑娘头上的大大小小的各式银角、木梳，也是对牛角的一种模拟。苗家儿女对牛的崇拜，化作了穿在身上、戴在头上的华美装饰。

6. 盘瓠

苗族人认为"盘瓠"是其民族的始祖，因此特别崇拜"盘瓠"。传说在上古时期，高辛帝皇后的耳朵痛了三年，后从其耳中取出一条虫，并将该虫育在盘里，后其变成一条龙犬，高辛帝给他赐名叫龙期，号称"盘瓠"。有一天，"大戎"兴兵入侵，高辛下诏说"谁能将番王拿下，就将三公主嫁他为妻"。龙犬揭掉了榜，前往敌国，趁番王酒醉时将其头部咬断，回国后将其献给了高辛帝。高辛帝因他是犬而想悔婚，此时"盘瓠"说"将我放在金钟内，七昼夜可变成人"。"盘瓠"进入金钟的第六天，公主怕他饿死，便打开了金钟，看见他身体已成人形，但头还没有变过来。虽然是半人半兽，但公主还是和盘瓠结了婚。婚后，公主随盘瓠住在深山里，以山耕和狩猎为生[1]。很多古文明里都曾经有半人半兽的形象。在苏美尔文明、古埃及文明或玛雅文明里，都曾出现过"半人半兽"，甚至在中国《山海经》中的神人也都是半人半兽的形象。世界神话里之所以有那么多"半人半兽"的神，主要跟原始图腾崇拜有关，最常见的还是动物崇拜。在苗族的这个故事里，"盘瓠"原来是一只狗，所以苗族人们将"半人半狗"的形象绣在服装上作为装饰。图1-20和图1-21为"盘瓠"纹绣片，绣片中的人物形象就是模仿狗的形象来塑造的，其不同的狗耳朵造型形象非常奇特、可爱。

从以上分析不难发现，苗族的图腾崇拜大都来自一种"万物有灵"的世界观，苗族人将大自然中的万物都看作是具有灵魂的，并且将这些自然物看作是与其民族具有血缘关系的，因此崇拜它们，并将它们装饰在服装上以祈求得到庇佑。

（二）祖先崇拜

祖先崇拜是在自然崇拜和图腾崇拜的基础上发展而来的，主要体现在对祖先的敬仰和怀

---

[1] 杨鹍国.苗族服饰：符号与象征[M].贵阳：贵州人民出版社，1997.

图 1-20 盘瓠纹绣片

图 1-21 盘瓠纹绣片

念。很多民族都有自己的祖先传说故事。苗族人常祭拜的祖先有蚩尤、姜央以及本家族的祖先。

1. 蚩尤

在苗族最具代表性的祖先崇拜是对始祖蚩尤的崇拜。在苗族地区，苗族女性盛装的头饰上都会有形似牛角的银角，银角的造型就与苗族的始祖蚩尤息息相关。传说在远古时代，苗族始祖蚩尤有兄弟八十一人，即八十一个氏族，他们结成了部落联盟，并以蚩尤为酋长，他们居住在黄河中游一带，后来发明了宗教、刑法和兵器，势力变得强大起来，威震天下，北进中原将炎帝打败了。而后，在涿鹿之战中蚩尤氏族战败，九苗部落被迫离开东部平原，向南迁入长江中下游地带，由此形成了"三苗"，才有了今日的苗族。按《述异记》记述，牛角曾是苗族始祖蚩尤部落作战打仗的重要武器，所谓"蚩尤氏耳鬓如剑戟，头有角，与轩辕斗，以角抵人，人不能向"就是在描述蚩尤部落打仗时在头上戴牛角，用牛角来抵人的样子。因此，苗族人为了表示对蚩尤的崇拜，就模仿蚩尤部落的装扮，在头上佩戴牛角型的银角，具有强烈的民族标志，这也是苗族银角的由来。

2. 姜央兄妹

在苗族服饰中出现较多的祖先形象还有姜央兄妹，民间多称为"央公、央经"。据《苗族古歌》[1]里记载，在天地开辟之初央公是第一个以人的面目出现的，姜央非常聪明、勇敢，在即将从蛋里被孵出来时，孵蛋的鹊宇鸟想飞走，他喊到"妈妈不要走 / 妈妈不要飞 / 多抱一天出 / 不抱一夜悲 / 放了一夜寡 / 死我不要紧 / 大家都要死 / 死绝一江略"。可见央公的命运包括了"一江略"即一个氏族的命运。正因为有了央公，才有"生我们的妈妈，妈妈才生我们大家"。但好景不长，一场洪水将其他人都淹死了，只有姜央兄妹因坐于葫芦内才幸免于难。为繁衍子孙、重造人类，姜央兄妹俩结为夫妻，婚后生了个没耳、没鼻、没嘴的"椭圆崽"，姜央将其砍成十二块肉并抛撒在山坡上，然后它们就变成了人。从古歌里可看出，在苗族人心中姜央兄妹是他们的祖先，他们非常崇拜姜央兄妹。在刺绣中也常能看到姜央兄

---

[1] 潘定智，杨培德，张寒梅. 苗族古歌 [M]. 贵阳：贵州人民出版社，1997.

图 1-22 姜央图腾刺绣

妹娶亲的场景。图1-22所示为以此故事为题材的用滚边绣和打籽绣来表现的洪水、蝴蝶、姜央。

（三）生殖崇拜

在苗族服饰中常见的纹样还有鱼纹，在《苗族古歌》里讲到，鱼是由枫树的锯末演变而来，这就代表着鱼有一种旺盛的生命力，因此，苗族人特别喜爱鱼，成了婚礼节庆中常用物品，象征着生殖崇拜文化。在定亲和还亲仪式中双方相互赠鱼，为的是"讨鱼去接种传代，子孙多得像鱼崽"，一些地区的苗族婚礼中还有"掐鱼"仪式，以祈求生儿育女。

鱼又是苗族人的常见食物，鱼不仅丰富了苗族的饮食文化，也是苗族人们人生观念、信仰文化的物质体现。在恶劣的生存环境中，为了更好地节约资源、维持生态，苗族人发展了稻田养鱼，鱼和稻成了共生产物，这是苗族人充分利用自然、发展生态多样性的成果。"稻田养鱼"习俗早在远古时代就与苗族早期的稻作文化有着密切的关系。在湘西苗语中，稻（mloux，词尾 x 为音调）和鱼（mloul，词尾 l 为音调）同字同音，只有调的差异，从这一点来看，种植水稻和在稻田中养鱼应该是同步进行的。《苗族史诗》里也有"开荒要留沟，留沟让水流，把水引到田里，好在田里养鱼"的描述。稻田养鱼的特点是鱼稻互养、稻鱼共生，这一传统在苗族人的民间歌谣、民风民俗、饮食习惯上都有体现。鱼和稻在婚丧嫁娶等重大礼俗和祭祀之中普用，作为祭品敬供祖先、神灵。在鼓藏节上，人们不仅以鲜鱼作祭品，有的地区还用木刻鱼进行供奉。鱼稻不仅成为饮食传统中的一抹亮色，而且还深入苗族人的信仰之中。在苗族刺绣、银饰与剪纸中都可以见到鱼的身影，苗族人以此来祈求后代昌盛。图1-23中的鱼纹较为写实，形态逼真；图1-24中的鱼纹则与人相融，而且鱼的腹部特别饱满，象征孕育生命。

图1-23 鱼纹银饰

图1-24 人鱼纹

可见，苗族服饰中常见的纹样与其民族的诞生和精神情感有着密不可分的关系，可谓苗族服饰是一部史书，是无声的语言。从苗族的产生、迁徙到定居后的山间生活中，都能找到服饰纹样的发展掠影，这些纹样都是苗族人民精神上、心理上需求的体现，反映长久以来苗族人们对美好生活的向往。

四、服饰与民俗生活

苗族服饰不仅是当地妇女辛勤劳作和智慧的体现，更是对当地生活的再现，从其服饰中可以看到苗族人的生活状态。苗族服饰和社会生活最大的联系体现在当地人的节日穿着以及当地人在出生、婚嫁以及丧葬这一系列人生习俗中。

特别是节日庆典时，人们都穿上自制的民族盛装，色彩鲜艳，光彩夺目，无形中提供了展示服饰的盛会。恰逢盛大活动少不了芦笙、木鼓、铜鼓舞蹈等节目，这些节目为苗族儿女们施展才华提供机会，并且这些活动成为苗族人追求"美"的动力，不论男女皆盛装打扮，从而构成了特殊的、别致的苗族服饰艺术生长和传承环境，为浓郁的苗族文化推介给世人、走向世界，做了极大的作用。

（一）节日习俗

苗族与其他民族一样，酷爱热闹，节日甚多。在春暖花开的季节有爬坡节，活动内容为爬坡、游方；夏秋季有卯节，活动内容以对歌、斗牛、斗鸟为主；冬季十月、十一月有苗年以及祭鼓节，活动以走亲戚、杀猪、打糍粑、祭祀、接客、喝酒、串寨、游方、对歌、吹芦笙、敲鼓、跳圆形舞蹈为主。下面详细介绍一些代表性的节日。

1. 爬坡节

爬坡节是每年农历三月清明节后的第一个节日，通常爬坡的时间不能早于清明节，也不能晚于农历四月。爬坡节要过3次，每次的间隔时间为13天。爬坡的活动有赛马、斗雀以及青年男女对唱情歌，寻求伴侣。届时，年轻的苗族女性在长辈妇女的陪同下，穿上自己最美丽的盛装，用银饰装饰全身，比美斗艳；姑娘们款款走向会场，身上的银铃发出悦耳的撞击声，吸引人们的目光[1]。由此可见，对于苗家男女青年们而言这是一次绝佳的求偶机会，他们在彼此的歌声中寻找心仪的对象，爬坡节对于姑娘们而言更像是一次比美大赛，只有穿着靓丽的姑娘才能得到小伙的青睐，盛装服饰在这个时候显得尤为重要。

2. 吃新节

吃新节是苗家人庆祝丰收的节日，在每年农历六月的上中旬。过吃新节时当地人会几家或者全村寨宰一头猪或牛来分食。在进食前还有祭祀活动，即从稻田里折来7～9个秧苞作为祭品放在饭桌上，来祭祀"花树""岩妈"，或祭"桥"[2]。在众多节日之中，吃新节是对稻作丰收最直接的祈愿。过吃新节时，当地人每家都要赶热闹场。在丹江和西江地区有两次热闹场，分别在吃新节的第二天和第二场。吃新节赶的活动有斗牛、赛马、跳芦笙舞以及男女对唱情歌。赶热闹场时，小伙子们会忙于准备芦笙，姑娘们则忙于织绣，对于他们而言这也是一个可以谈情说爱的日子。姑娘们会青睐芦笙舞跳得好的小伙，小伙子会中意穿着漂亮、手工艺好的姑娘。因此，过吃新节时姑娘们都会穿着自己最漂亮的盛装参加活动。

3. 苗年

在苗族村寨，苗年是一年中最热闹、最隆重的节日。在过苗年之前，家家户户都要进行节前准备，像汉族过春节一样。每家每户都要打扫房前屋后和大小街道以使之干净整洁，要给小孩缝制新衣，购买节日用品、添置新的生活用具，还要杀猪宰鸭等以备好丰盛的苗年货，以及各家各户早就酿好米酒，迎接苗年的到来。近年来，政府运用这些节庆举行"非遗巡游展示"等一系列的活动，让人民群众感受到了苗族地区的新变化。如今的苗年已成为苗族地区的一张"金名片"，吸引成千上万的游客来体验苗年活动中的多姿多彩的苗族文化。

苗年节日每年要连续过3次，每次间隔时间为13天，分别称为头年、中年和尾巴年，三次中最热闹的是中年。每个地方的苗年时间不同，在西江和丹江地区的苗年是每年的农历十月上旬。过苗年时人们会杀猪宰羊、打糯米糍粑、访问亲朋好友，在吃年饭前还要用鸡、鱼、肉、酒、糍粑来祭祀祖宗。苗年的娱乐活动为"踩芦笙"和"踩铜鼓"，一般要连续5～7天才结束，还有专门的"芦笙头"来主持。如图1-25所示为苗族人们在一起过苗年的场景，图中的男性们吹着芦笙，女性们跳着舞，他们都穿着盛装服饰，场面非常壮观。

[1] 贵州省文化厅群文处,贵州省群众文化学会.贵州少数民族节日大观[M].贵阳：贵州民族出版社,1991.

[2] 雷山县县志编纂委员会.雷山县志[M].贵阳：贵州人民出版社,1992.

图 1-25 过苗年

4. 祭鼓节

祭鼓节是苗族人最大的祭祖仪式，每13年举办一次，每次持续过三年，即第一年为引鼓、第二年为立鼓、第三年为送鼓，在这个过程中还有醒鼓、制鼓、转鼓、吃鼓等，其场面非常壮观。通常，在子年开始配鼓和接鼓，由巫师带领吹笙者列队从藏鼓山洞内唤醒祖先，并将祖先接进家来；丑年开始制鼓和转鼓，由鼓头制作新鼓，这时巫师会将祖先的灵魂请到新鼓内安身；寅年开始送鼓并杀牲祭祀祖先，最后将鼓送回山洞，请祖宗休息[1]。苗族人认为祭鼓节期间祖先会回来与大家同乐，其间寨子里不准讲不吉利的话，不准打架斗殴或悲伤哭泣，男女老少都要穿上最漂亮的盛装，特别是40岁以上的人都要穿上最传统的盛装，这样才会有支系的标志，日后逝去时方能被祖先接纳。

由上述可见，苗族服饰与节日有着重要的关系，过节日时苗族人定会将盛装服饰穿在身上。在有些节日，当地人还会组织青年男女来对唱情歌，并以此种方式让他们觅得佳偶，因此在节日当天女性的穿着打扮显得尤为重要。通常小伙子会根据姑娘们的穿着来判断姑娘们的针线活的好坏。在苗族人看来，一个姑娘只有针线活做好了才能够持家。姑娘们的手工艺的好坏也直接决定了她日后的夫婿和婚姻生活。

（二）人生礼仪

苗族的服饰和人生礼仪之间有着密切的联系。对于苗族人而言，从出生到死亡的每个不同阶段都具有重要的意义，因此在每个阶段他们的民族服饰都会赋予一定的内涵。

1. 出生

苗族人非常重视生育。新生儿的到来是每个家庭最为开心的事情。从孩子刚出世时的襁褓，再到孩子满月后的"狗头帽"，以及在孩子成长中背孩子用的背儿带，无不体现着苗家人对孩子的期望。

---

[1] 雷山县县志编纂委员会 . 雷山县志 [M]. 贵阳：贵州人民出版社，1992.

在新生儿刚出生时，苗族人会用以绣有"蝴蝶妈妈"图案的土花布为新生儿做成的襁褓，把孩子包起来。蝴蝶是苗族服饰中最为常见的图案。在苗族人看来，蝴蝶是他们的祖先，他们将蝴蝶称为"蝴蝶妈妈"。在新生儿的襁褓上绣蝴蝶图案，无疑是将蝴蝶作为生命的始祖，以求孩子能够得到蝴蝶妈妈的庇佑。在孩子出生的第10天左右，孩子的外婆就会带着早就给孩子准备好的衣服、帽子、包被、银铃、背儿带等前来看望孩子（图1-26）。这些东西有的是外婆做的，有的是妈妈当姑娘时"秘密忙绣"的。这些手工绣品也是婆家人对儿媳妇针线活儿的一种"检阅"，他们会对这些绣品进行一一点评，这也是苗族人长久以来形成的生活习俗。当孩子穿上了家人制作的衣服时，实际上就是对孩子身份的一种确认，是对孩子血缘的肯定，是家族对孩子的认可。

一般在孩子满月时还会有满月礼。在过满月礼时要备好酒菜来宴请亲朋好友，还要烧纸钱祭祀祖先。同时苗家人还会给孩子带上狗头帽。狗头帽的形状似狗头，来自苗家人对盘瓠的崇拜。传说盘瓠的形象是一只狗，因此人们便将儿童的帽子做成狗头的样子，以此来确定孩童的宗族关系，并希望孩子能够得到祖先的保佑而平安成长。这个仪式同时也确立了孩子成为社会中的一员。

在孩子稍微大一点的时候，父母为了便于劳作，便会将孩子背在身上。在苗族有专门背孩子的用品，叫做背儿带。图1-27所示为花纹背儿带。背儿带有正方形和长方形两种类型，由背带盖、背带心和背带组成。背儿带的装饰面积较大，多用小块绣片镶嵌或拼接一整幅图案，装饰纹样为各种花、鸟纹组成的复合型图案。

图 1-26 蝴蝶纹背儿带

图 1-27 花纹背儿带

背儿带中常绣有"蛙身蝴蝶头"的图案，这也来自人们对蝴蝶与蛙的崇拜。传说以前有一个手脚长得像蛙的小伙子，人们称他为蛙人。有一天，寨里人嬉闹蛙人，为蛙人提亲。姑娘的父亲说，只要蛙人一天能将3000斤谷子晒好就把姑娘嫁给他。结果，蛙人不一会儿就将谷子晒好并收完了。姑娘的父亲看到蛙人的能力超群，就答应了蛙人，将姑娘嫁给了他。后来，蛙人还带领当地苗族人抵抗外来侵略，帮助人们过上了安定的日子，被人们推选为青蛙皇帝。因此，当地人为表达对蛙人的崇拜，在背儿带上绣上"蛙纹"，希望自己的孩子能像蛙人一样能力出众。

在中国传统文化中，蛙纹出现的时间很早。在新石器时代晚期马家窑文化的彩陶以及青铜器上都能看到蛙纹图案。蛙纹是以青蛙为原型而创造，有着多子多福、风调雨顺的寓意。因为，青蛙不仅能在水中和陆地上生活，具有强大的生命力和繁殖能力，还跟先民们治水的神话有关。在很多农耕民族的图腾里都可以看到蛙纹痕迹，如黎族、壮族等。

2. 婚嫁

服装在苗族男女青年相恋到结婚的过程中都有其特定的服饰功能的体现。在苗族地区有许多促成男女青年相识相恋的活动，其中有"跳花""讨花带""游方"等。

"跳花"节是每年的正月到四月，跳花节的场地一般在山野里的平旷处，跳花节的娱乐活动有跳芦笙舞、拉二胡、吹箫、对唱情歌等。通常以青年男子吹芦笙为前导，姑娘们则翩翩起舞后随，然后便会歌声往来。在跳花节上姑娘们都会穿上盛装服饰，并且姑娘们还会让他们的兄长将其平时制作的所有的漂亮衣裙都带去花场，以便她们届时再次梳妆打扮。"跳花场"不仅是姑娘们比美和选偶的一个场地，更是她们展示手艺的一次机会。苗族男青年在选择配偶时会将姑娘们的手艺作为一个重要的参考，她们认为只有心灵手巧的姑娘才会更加持家有方。对苗族妇女而言，绣制服装是她们毕生的作业。

黔西北小花苗地区跳花节别有一番风味。小花苗的青年男女在跳花节，通过扯"花背"、还"花背"、赠"花背"的过程沟通交流，寻找合适的婚配对象。"祭花树"仪式完毕后，小花苗青年男女便在跳花场上的篝火旁歌舞交流。未婚姑娘们在腰后系数件花背，年轻小伙们将会来扯花背。一位姑娘的花背可以被多个青年扯去，一位青年也可以扯多个姑娘的花背。小伙子们通过扯花背时与姑娘们的互动表现来选择心上人。花背的精细程度也是检验小花苗族姑娘们是否心灵手巧的体现。姑娘们在活动结束时会将花背收回，但若对某青年有意，则可将花背送出。一位姑娘只能送出一件花背，一位青年只能收一件花背。此时"花背"成为定情信物，是珍贵的馈赠情人的礼物。

在社会约定俗成的规矩下，扯"花背"和赠"花背"是婚恋仪式中缺一不可的活动，"花背"为婚姻的缔结提供了见证，反映了黔西北小花苗族独特的行为规范，展现了其极高的婚姻自主性。

苗族人在节日和婚礼上都有专门的"讨花带"活动，苗家小伙如果看中哪家姑娘就会来向姑娘求花带，若是姑娘也中意小伙，则便赠以花带，所以花带在苗族地区便成了男女双方的定情信物。苗家的花带是以经纬线交织来编织图案的，每条花带的制作工艺都非常复杂，往往一根经纱线弄错就会编织失败，苗家姑娘将自己亲手编织的花带赠予意中人。此时，精湛的编织技艺是姑娘们对爱的诠释，也是男女青年之间纯真爱情的体现。

还有一项恋爱活动就是"游方"。"游方"是指男女青年谈情说爱的自由恋爱活动，以男女青年对唱情歌的方式为主。在每个苗寨都有五六平方丈的"游方坪"，每逢节日男女青年就会以对唱情歌的方式在此"游方"。当男女青年通过"游方"确立恋爱关系以后，双方的父母便会为其准备和操办婚礼，以促成二人的结合。在结婚时姑娘们是要穿着盛装的，姑娘们结婚时穿着的盛装是其母亲在她出生不久后就开始准备的，往往一件盛装服饰要制作数年，这些盛装服饰都非常精美、制作工艺精湛，穿着母亲亲手制成的盛装出嫁是一种爱的传承的体现。在苗族人看来，婚礼上穿着的盛装服饰不仅是一套服饰，更是姑娘人生迈向另一个阶段的标志，姑娘们穿着盛装出嫁标志着她的家庭角色发生转变，也代表着从此姑娘们在社会关系中发生的微妙变化，是服装社会功能的体现（图1-28）。

图1-28 婚礼盛装

3. 丧葬

在苗族人眼中"死"不过代表"生"的另一种转化形式，生命本身并没有终止，灵魂在另一世界里仍继续存在。他们认为，死亡是人在阴阳之间转变的一个重要过程。在这个转换的过程中，如果处理得当，就可以安抚死者灵魂、保佑后代；如果处理得不当，死者的灵魂就不能回到祖先的发祥地，便会成为游魂野鬼，出现灾祸。因此，苗族人给死者穿上代表民族服饰的寿衣，让其死后能够通过服饰的标志被祖先认出，从而帮助其回到祖先身边。

苗族人有为死者准备的寿衣、寿帽和寿鞋。苗族的寿衣很有讲究。寿衣件数必须为单数，通常为三件上衣、三条裤子。女性寿衣为老年盛装，即上衣为大领右襟衣，下装为围裙，头上戴黑色围帕（不戴银饰）；男性寿衣为内穿蓝色长衫，外穿黑色或褐色短褂。寿衣与平常节日里穿着的盛装在形制上没有明显的区别，但在穿着方式上有很大的区别：首先，穿着寿衣时一定要反着穿，以表示生死有别；其次，寿衣通常不用纽扣而用麻线系起来，即使用纽扣也会用布扣。在苗族丧葬中还有一些禁忌的细节：首先不论男女都忌用棉衣、绒品、呢和铜器同葬；其次，寿衣在死者生前应该是被穿过几次的，如果寿衣不是提前准备好而是临死时才刚刚缝好的，就要用剪刀在寿衣上剪几个小口，因为苗族人认为只有这样死者才算真正穿上那件衣服，不然其灵魂会留在平时穿着的常服里，死者就不能归宗，灵魂也不能得到安息。

由于在悠久的历史长河中因迁徙带来的苦难和不安定，为了不忘祖先，苗族人通过在老人病故时需巫师"开路"以将亡灵指引回东方故地，在安葬死人时将尸体横葬于山腰且头一定朝向东方等各种习俗，来记载自己民族的历史，保持着对东方故土的怀念。

第三节　民族服饰元素时尚设计构思

时尚的本质是变化。要想在时尚领域拥有竞争力，必须以灵敏的嗅觉感知时代和消费者的变化，迅速地了解消费者核心需求，找出潜藏在人们无意识中的变化动机，挖掘出还未崭露头角的潜在的文化价值，提前展示出人们内心尚未实现的梦想。这是引领时尚、成为时尚主导者的必要条件。

服装设计构思是服装设计的中心环节，也是决定设计成败的关键。设计者构思能力的高低，是衡量一个设计者是否成熟的重要标志。构思是设计者对服装的款式、色彩、穿着者与环境的关系以及服装性能、结构、制作程序和销售等多种因素的综合思维和判断的精神劳动。设计者的构思能力包括敏锐的观察力、丰富的想象力、扎实灵活的表现力以及对人的生理、心理和社会环境的综合把握能力。要设计出好的时尚作品，设计者艺术修养要高，知识面要广，适应能力要强。

如今，时尚产品所体现的已不再是仅为实用的某种物质存在，而是具有艺术欣赏价值和表现个性气质的有生命的活动艺术品。时代要求设计者提高自己的文化素质和艺术情趣，探索、挖掘艺术的表现潜力，以此来反映和提高人们的精神向往。中国民族服饰的博大精深为今天的时尚艺术设计带来许多宝贵的启示，民族服饰文化已经是当代时尚设计所借鉴的文化元素，是中国时装品牌走向世界的根基。

学习服装设计时常有这种情况：开始设计时常感到无从下手，似乎想的东西很多，可具体到设计上又觉得什么也没想，头脑很空。时尚创作过程，就是创作者将自己头脑中所构思的形象，用一定的方法传达出来的过程。换句话说，就是从无到有的过程。这个过程分两部分，即内在的构思活动和外在的传达（表现）活动。

一、时尚设计构思的内涵

谈到设计，就离不开人的一系列思维活动，就离不开构思。构思，指作者在写文章或创作文艺作品过程中所进行的一系列思维活动，包括确定主题、选择题材、研究布局结构和探索适当的表现形式等。在艺术领域里，一般来说构思是意象物态化之前的心理活动，是心中意象逐渐明朗化的过程。

时尚设计的构思，一般是设计师在明确了设计任务之后开始的，但有时也是在受周围环境事物的影响下突发灵感而进行构思的。设计师在设计之前，总有一个思考酝酿的过程，这种将平时积累的素材或信息资料按照设计者的基本意图加工、提炼成为初步形象的过程，通常称为设计构思。

服装设计的构思活动就是设计者按照自己的审美观以及长期积累的设计实践经验，在头脑中所进行的形象思维活动，其实现的能力依赖于一系列认知过程。在这里，起关键作用的是设计者的想象力和创造力，其次是创作的激情和灵感。

1. 想象力

想象属于创造性的思维活动，是利用设计者本身积累的审美经验来创造新的形象。人类如果没有想象的能力，就无法创造出任何新的事物、新的形象。想象可以神驰意往、鹏飞万里。然而，设计者的想象力又来自他的艺术素养和美学观念，以及对生活的长期观察和体验。纵观本世纪以来世界各种时尚潮流的风起云涌和消逝，其设计构思中的想象活动，大多是反映大自然和反映现实生活的，包括人的心理情趣、追求和愿望。因为，成功的设计是源于生活又高于生活的。在反映大自然方面，有的是"走向大自然"，在色彩的处理与花纹图案的装饰上，体现大自然的山川、田野、森林以及田园、牧场、日月、云霞等。有的干脆直接或间接地进行仿生设计，如仿蝙蝠的蝙蝠衫、仿蝴蝶形象的上衣、仿郁金香的袖型、仿花卉造型的裙子等，千姿百态、变化无穷，充分显示出设计师丰富的想象力。有的设计师捕捉夏夜天空的繁星，设计出衣裙，自裙摆顺着向上，由密渐疏地装饰着星形的闪光金属片，再斜披一块烟雾似的轻纱，表现朦胧、皎洁的月光。这种设计充满了诗情画意，体现出幽娴高雅的艺术风格。总而言之，宇宙天象、自然景物，飞禽走兽、昆虫、植物等，都可以成为时尚设计者构思想象的依据，成为时尚艺术的原型。我国疆域东西跨越经度 60 多度，南北跨越的纬度近 50 度，从南向北跨热带、亚热带、暖温带、中温带、寒温带等多个气候带。多种地形的不同影响，形成全国气候复杂多样的特点，天然地形成多种不同的生态环境。多种多样的生态经济文化对民族服饰文化的深刻影响是多方面的，辽阔的经济文化带不仅给设计师提供想象的空间，丰富多样的自然物象还给设计师提供想象的依据。独特的苗族服饰艺术也是特定地理、气候环境共同作用的结果。不同的地理位置所造就的不同气候环境使得苗族服饰的造型和取材有着不可分割的关系。再加上讲不完的传说故事等，都给设计师带来无穷无尽的想象力和创造力。

在进行服装设计时，设计师必须先要有一个所要表现的意想，然后通过思维活动进行综合、概括、提炼、想象、夸张，再确定设计的主题思想，并以相应的艺术表现手法将之具体化为服装的艺术造型。通过线条与图案纹样的组合，通过生动的造型和色彩的渲染、衬托，表现出设计师丰富的想象力和创造力，抒发设计师的情感和服装的审美理想，并以此来启迪穿着者的联想、想象，实现其情感的交流和服装审美感受。

2. 激情与灵感

激情与灵感是构思活动中的重要因素。设计师们以满腔的激情与敏锐的洞察力，捕捉社会变革的脉搏，将最新的科技、文化元素融入设计中，引领时尚潮流。

激情，是指设计者的一种情绪和创作欲望。任何一位服装设计者，无论是才华横溢，还是平庸无奇，都不可避免地要受自己情绪的支配和影响，他的欲望、情感伴随着想象渗透于整个构思活动之中。有激情，才有可能孕育出具有艺术魅力的服装形象，才有可能创造出引起人们感情共鸣和审美感受的艺术作品。

灵感，也是服装设计者构思活动中的一个重要的心理现象。许多成功的设计作品，往往会在灵感出现的一刹那，才趋于高度完美。没有激情，没有灵感，创造出来的作品是平淡乏味、缺少生机的。灵感在形式上虽然表现为偶然性的触发，颇似妙手偶得，但是，实质上它却是设计者长期体验生活所积累的审美经验和信息资料以及不倦实践的结果。灵感"得之于顷刻，积之在平日"。如果没有广博的学识积累、经验积累和平日的艰苦学习探索，以及艺术功力的锻炼、素养，灵感是不会不期而至的。

在服装设计的全部构思活动中，想象、激情和灵感三个基本心理因素，只有相辅相成、互相作用，才能创造出具有艺术魅力和理想审美价值的完美作品。

可以将时尚设计构思活动中设计者的创意流程梳理为表 1-1。

表 1-1 创意流程

以原型为起点		
根据对原型的认知 ……	**联想** ……	寻找素材
借助各种形象元素引发想象		
启迪产生新形象 ……	**想象** ……	发掘形象 引发新形象
把相关形象加以提炼		
取舍、分解 ……	**解构** ……	发掘形象 整合素材
将元素加以重新组合修饰		
探寻同构的可能性 ……	**整合** ……	发掘形象 引发新形象

二、时尚设计构思的方法

在创作过程中，主题的确定也很重要。它标志着设计的目的，集中构思的精华。不论是实用性服装，还是偏于艺术性、表演性的服装，确立了主题便像得到了一把钥匙，能够很快地打开设计思想的闸门，也会神奇地协调整体意境关系，使作品凝结灵感和才能的火花。带有主题的构思训练过程，也是培养、提高自己审美情趣的过程，要有较好的起点，要以设计家的眼光去体察和表现事物。

构思主题的来源很多，生活中有很多可以触发人们灵感的事物。设计者按照设计的目标从多方面、多角度去观察和构思。

1. 从意境上构思

在现实生活中每个人的周围都有许多事物表现出意境美，有些是具体的、有些是抽象的。如大自然中的森林、大海、贝壳、太阳、白云，甚至是宇宙、大气、光影等，都可以成为启发构思的来源。这些美的韵味像诗、音乐一样触动人们的心灵深处。设计者可以用服装造型艺术特有的手法表现这种韵味，使作品与大自然、与设计者的思想融为一体，以特有的魅力感染观众，如贝壳的外形及纹理韵律的运用等。还可从其他艺术作品中得到启示，如抽象绘画、抽象摄影、图案纹样、建筑形式等，它们反映人们某种感情的抽象意念，朦胧含蓄，借这种主题可以反映人们对世界的认识、理解，传达设计者与观者之间微妙的情感联系。需要注意的是，要借其意境而不能只借其形体。

苗族人居住的地方有着青山绿水，天然地具有意境美。包括建筑、铜鼓等在内的围绕着他们生活的所有物质、精神的，内在、外在的，都可以成为意境产生的源泉。

2. 从功能上构思

在现代生活中有很多被认为是很美的服装，如太空服、登山服、狩猎服、旅游服、运动服等，这些服装的功能特性反映了人们热爱生命、热爱运动、探索自然的愿望。要深刻理解人性的需求，以人为本，提高设计的针对性和实用性，从功能性出发再融进和强调某些构成服装美的形式，这样才能创造出更具创新性和实用性的作品。中国传统设计强调以人为本的设计理念。注重从人的角度出发，充分考虑人的需求和感受，追求设计的人性化。在设计中，实用性是评价设计好坏的重要标准。设计应首先满足人们的生活需求，其次才是追求美观和装饰。这种以人为本的设计理念，关注人的使用习惯、审美趣味和文化背景，力求创造出符合人性需求的设计作品，体现对人性关怀的深刻理解和追求以及对生活本质的深刻理解和尊重。现代设计中，功能性与装饰性并非是对立的两面，而是相互融合、相互促进的。设计师们应该擅长在实用的基础上添加装饰元素，以和谐统一的设计理念，设计出既满足人们的基本需求又提供美的享受的作品。中国传统造物文化中"物尽其用""物善其用"就是根据生活需要和使用者的需求来设计器物，是追求实用与创新结合的思想，是功能性与审美性完美结合的造物思想和设计智慧的体现。比如，苗族人的绑腿、固定内衣的吊坠等的功能作用体现了人们的生活智慧，在当今都可以成为时尚创意的元素。

3. 从材料上构思

材料质地的特性差异及加工手段的不同，会使材料给人以某种特定的感觉。材料间的对比也能带给人们某种联想。有时材料偶然形成的结构效果，能触发人的灵感火花，设计师们要善于抓住这些效果和感觉，提炼、升华为带有材料物质美感的构思主题。祖国大江南北各地独特的自然环境，为设计师们带来源源不断的灵感和创造力。设计师们要以敏锐的洞察力和丰富的想象力，使用环保、独特的材料，提升创意设计的质量和水平，为时尚设计带来更多的可能性。比如，苗族人的蜡染、扎染、蓝染、亮布等原材料都可以给设计师带来创作的灵感。

4. 从民族传统服饰的特色上构思

各民族的服饰具有很鲜明的特色，以不同的形式和色彩反映着浓郁的风土人情、精神面貌。如苗族妇女们的精致银饰、工艺精湛的刺绣、花样繁多的百褶裙、史诗般的服装图案、各式各样的穿着方式、古朴且鲜艳的色彩等也都相当有特色。这些民族服饰不仅具有极高的艺术价值，还承载着深厚的民族情感和历史记忆。好的构思的关键在于设计者怎样理解和发现周边的素材。作为设计者，要懂得"在别人以为司空见惯的东西中发现美"。只要深入认识和掌握服装艺术独特的表现规律，体会它独特的审美趣味，领略研究民族艺术的精华，培养自己艺术家般的眼光和境界，才会发现民族传统服饰所展现的世界如此博大，其表现力如此之强，并为能作为这个的拥有者而激动自豪，这样就能够创作出既有强烈的民族韵味又有现代审美趣味的作品。

当代的艺术行走在历史和未来之间，从没有纯粹的凭空想象与空穴来风，都是对历史的再度审视和反思后的产物，时尚创新源于传承。优秀的设计师对传统的尊重，绝不等同于单纯的复古与模仿，亦不是对某个传统视觉符号的断章取义。承载文化信息的设计看似流行前卫，但其往往与传统的设计一脉相承。弘扬民族之美，需要准确解读传统文化，探寻传统文化的精神，寻求根本的设计哲学，需要时尚来"激活"传统。

三、时尚设计构思的表达

通过一定的技巧和手法，把设计者头脑中构想的服装形象表现出来，这就是设计的表达活动。它一般都是以色彩鲜明、生动具体的服装效果图形式出现的。表达活动是构思活动的最后完成阶段，每个设计者都必须经过这个过程，其效果往往因人而异，这取决于设计者的素养。

服装设计构思与一般的艺术创作活动相比，既有共性又有个性。其共同点是它们都来自生活，来自创作者的思想指导；不同之处在于艺术创作相对有更多的独立性和主观性，而服装设计必须通过生产环节与市场销售才能体现其价值，带有较多的依附性和客观性。又由于服装设计的创作活动需要依赖人体，依靠纺织材料和加工生产相结合，所以在服装设计的构思中必须兼顾到这些必要的因素。

首先，服装设计是主观构思的产物，但它又必须符合客观实际，要使两者很好地统一起来。这里所说的客观实际，不仅仅是指客观的需求和服装的穿着场合等，更重要的还指服装设计应符合人体的生长结构和人体的活动规律以及穿着以后的客观效果。服装对人体有极大的依附性。一件服装，不管它多么漂亮、美观，但如果不符合人体的需要，就会影响人的行动，人们就不爱穿它，服装也就失去了存在的意义。人体工程学的出现，对服装设计的造型理论有很大的启发和推动作用。服装设计是依据人体各部分的比例关系进行的，设计者可以针对每个人不同的体型特点，充分发挥创造力，美化、弥补体型的缺陷。这样服装外型即衣服的外观轮廓也就形成了。

其次，在时尚表达中还要注意色彩的搭配和使用。由于人们的肤色、体型不同，同一色彩的服装在不同消费者的身上便会有不同的效果。因此，设计者应首先考虑色彩的使用目的、环境条件，包括季节和时间，把种种情况进行归纳作为第一手材料。然后再决定选用什么色度、纯度的色彩，在不脱离主题色的前提下恰到好处地考虑其他相配合颜色的选择。色彩在服装设计上的特殊表现力，与人的视觉生理结构和心理反映有极密切的关系。它能给人以很深的印象，并引起强烈的情绪变化。许多著名的时装设计家都是通过色彩的巧妙设计组合，创造了具有强烈艺术感染力的服装形象并表现了鲜明的个性风格。

再者，服装设计者还要善于巧妙地选择运用材料，来表达自己的主题意念与风格。与其他艺术门类一样，服装要用特定的材质和方法来表现美的深邃而广阔的意义。中国民族服饰借助丰富多样的自然环境，天然形成的丰富服饰材料，给设计者提供了无穷无尽的设计素材。

时尚的本质是变化，是在追求价值的过程中通过创造性模仿而谋求变化。丰富多彩的意境创造，离不开形式各异的服装形象。从表现形式上讲，应改变旧的只局限在人体基本形上的概念，要借助于人体基本形以外的空间，利用服装材料的特点及可能的造型手段，创作出人体与装饰材料在空间中重新组合的一个新形象。

优秀的设计应该把民族服饰里的精粹与当代设计理念相结合，以灵活的设计思维以及积极的应变能力，顺应时尚的变化，创造性地运用民族元素，以当代人的审美意识去发展民族独特的文化，使之成为全人类共享的财富。

第二章

民族服饰元素时尚设计
方法与原则

中国传统文化博大精深、历史悠远。如何认知传统文化与现代设计的关系，以及在都市化环境中使中华传统文化在现代设计中得到更好的应用和传承，是新一代每一个设计师所面临的课题。在当今的"国际设计风格"潮流的大背景下，要在"同"的一体化危机中寻求"异"的路径，一方面应当顺应国际化、都市化趋势，另一方面又需凭借时尚的力量依托传统文化的多元性和多样性，进行重构与创新，使其在都市再生。

在物质文化生活日益丰富的今天，人们对时尚的追求愈来愈迫切，要求越来越高。时尚品不仅要求有实用功能，还要求具有艺术观赏性。一件好的时尚产品，能给人们带来赏心悦目的感觉，要求外在和内在的统一、款式和材料的统一、局部和整体的和谐、穿着者与环境的协调等，能够体现时代的文化特征和审美标准。服装的整体美是若干个局部美的归纳和统一。以苗族服饰为个案，找出其当下的时代性、审美性及多样性，与大众产生情感共鸣，体现民族服饰的文化内涵，将能更好地运用民族服饰元素开创多元化的设计潮流。

第一节 民族服饰元素时尚设计原则

设计需要创新，但要正确理解创新，要明白不是"前无古人，后无来者"才是创新，真正的创新是对传统文化和艺术的一种扬弃，而不是否定。如果把传统与现代当作不相干的两个方面，那么现代设计就会成为"无根"设计，也会让设计成为"四不像"，甚至会自我消亡。

在时尚设计的创新之路上，将民族传统元素与现代设计相结合已成为一种趋势。这不仅是对传统文化的传承和发扬，更是对时尚设计的创新和突破。这种融合不仅丰富了时尚设计的内涵和外延，也为消费者带来了更多元化、个性化的选择。

一、求新、求准

在人类创造的所有物质文明中，服饰被视为最直观、形象地反映人们日常生活及观念的文化形式，是人类文化变迁及文化心理外化的重要载体。人们通过日常生活中的时尚和文化活动，享受着自我创造的行为，寻求着自我完善。在此情况下，各种人群形成社会共识的价值变化趋势称之为文化趋势，感性的潮流变化称之为时尚流行趋势。

时尚的流行和传播首要的因素是标新，所以求新是开展民族服饰文化创新设计的首要原则。一个文化元素必然从属于一种文化形态，因此，要深入进行民族文化元素的创新设计，必须厘清、理解其复杂的文化内涵，然后在此基础上做出顺应时代的创新。为此，民族文化元素参与创新设计的第一要务，是对语义正确解读前提下的创新，这对当代创新设计提出了更深层次的要求。在时尚界，创新是推动行业发展的不竭动力。设计师们不仅要通过鲜明的形式、新颖的表达吸引目标群体注意力，不断尝试新的设计理念、材料和技术，创造出令人耳目一新的作品，即要"求新"；同时，还要"求准"，即将形式进行精准表达，准确反映出设计的内容指向。不论从意境上还是从形式上，中国民族服饰元素都有着无穷的表现天地。要借其反映出的意境，融进服装本身的表现特征，通过创新设计、独特材质和精湛工艺，满足人们对美的追求，不能只借其形。如果只简单地借其形而不借其意，就必然产生蹩脚作品，甚至失败。形式是有限的，而富有感情的意味却是无穷的。时尚不仅是一种外在的表现，更是一种内在的追求。

中国有 56 个民族，每个民族都有自己灿烂而悠久的文化、艺术传统。每个民族的生产方式、风俗习惯、人生礼仪、地理环境、气候条件、艺术传统等，无不折射到他们的衣冠服饰上面。它们所体现的秾丽之美、古朴之美、凝重之美、清雅之美、怪诞之美、重叠之美，令人目不暇接。每一个民族、每一个支系的服饰都有其他民族所不能替代的特色。这些特色明显、具体，且有特别强的生命力。中国民族元素犹如粒粒璀璨的珍珠，理应精准、巧妙地与现代审美观念相结合，让它在世界时尚舞台中发亮。因此，民族文化元素参与时尚创新，不应仅仅停留在表面的，对款式、纹样的视觉再造方面，更应正确理解传统民族文化内涵，借助民族文化元素的时尚导入和当代都市价值观下的设计取舍，使其含义更强烈、更深远，并且在上述引导过程中带给人们新的认知和审美。而这种新的认知，通常还能起到"反哺"作用——由审美引发的对民族文化的新认知，带有新意的认知才能促使思维在当代获得新的深刻，自然就掀起了民族元素时尚潮流。

民族元素时尚创新不仅在形式和内容上求新、求准，还在寻找时尚目标群体上也要求新、求准。在中国，广大消费者正在经历从符号消费到品位消费再到文化消费的转变，尤其在以服饰为代表的时尚消费领域。这与中国人生活方式的全球化进程高度相关。过去，追随时尚大牌的符号性消费成了主流。而随着互联网社会的到来，信息的透明化，在当代中国开始出现一群关注自我内心的审美、个性、体验和风格消费的人群，消费文化已经进入个性化和多元化时代。原创设计品牌就成为了这部分消费群体的重要选择。因为，设计师品牌用的是时尚设计语言和语境来与消费者共鸣。服装品牌"例外"，就非常精准地抓住了这一群新的消费群体，通过充足的准备和果敢的行动，在新的市场份额中找到了自己的位置。但是要知道，想要捕获这样的消费群体，其实并不容易，这需要企业有足够的耐心，需要为实现这种新时尚和风格建立起严密的支撑体系，同时要思考时尚的素材如何与人类文化的表达建立联系。设计者应在当代视野中精准定位民族服饰文化的美学价值，与现代社会中的新文化场景和生活需求相融合，以完成设计创新的时代任务。

二、求异、求真

作为一种独特的社会现象和生活方式，时尚的本质和内涵决定其具有新奇性特征。而从空间角度说亦是表示不同，即所谓"立异"。从时尚的流行和追随者来看，视觉审美创新和阅读快感形成的认知本质，通过视觉碰撞，催生一个新的认知模型，即"熟悉"和"陌生"这两个相互对立而又彼此依存的力量，构成一种适当的平衡。也有学者将上述对立而依存的力量称之为"张力"。而格式塔心理学则将上述均衡消长的过程命名为"同构"。所以，太似则太熟悉，因而缺乏张力，也缺乏了审美的创新感；过于不似则太陌生，导致无法"同构"，失去了认知的基础而难以接受。为此，在时尚化语境下对传统民族元素以创新设计的方式进行重构时，还需遵循求异的原则。

值得注意的是，像苗族这样有许多支系并有多种元素的民族文化，在创新设计中一方面要突显其民族元素的不同特色，另一方面要正确表达民族元素所承载的文化内涵，避免引发认知与审美混乱。在"异"与"真"之间需要把握其平衡关系，控制新旧转换下的视觉效果和心理感受，明晰传统民族服饰的审美特征。在"似与不似"之间呈现出具有新鲜感的异化效果，使传统文化在当代迸发出新的生命力。

服饰，作为无声的语言参与人际之间传递信息。服饰与语言一样，也是一种符号。同一种符号在不同的服饰中有不同的寓意。这就是服饰符号的多义性。服饰符号像音符一样，是流动的、不稳定的、可变的，它的奇妙的排列组合会随着不同民族的不同需要而发生变化。从某种意义上说，服饰创造是一种符号的转换活动。所以，时尚创新要正确把握民族服饰符号的多义性，正确理解和使用民族服饰符号及元素，不能"张冠李戴"。

然而，在现代设计中经常出现民族元素运用得不尽如人意的现象。一些所谓的民族元素设计作品，对传统民族元素的认识过于肤浅、利用过于简单，缺乏本土美学，甚至常常引发不小的争议。无论从感官还是物品价值上，这些所谓的"民族元素"都不能满足新时代消费者的需求。这些设计作品都不同程度地缺少一种对社会及人自身的思考和对民族文化的正确解读和传承精神。

一个能够真正切入到现代时尚设计并能够做出好设计的设计师，其所设计的作品背后是完善且成熟的文化背景和价值观，是一套系统的关于设计、关于自身民族文化的认识及正确的解读。一名优秀的设计师，应该是一个合格的设计哲人。通过学习和研究，深入挖掘前人的造物智慧，不断发展和完善民族传统服饰文化，让更多的民族元素时尚服装走进当代人的日常生活，满足当代消费者的需求，使民族传统文化生生不息。

民族元素的时尚创新设计是一种有目的的再造，具体的设计方法可以是多样的。在正确解读民族服饰元素前提下，通过创新设计能在当代全球化时代中，提高视觉形象的鲜明度，增加关注度和情感强度，以多样的视觉形象去触发中国当代都市人群的最敏感的神经，并为民族文化提供丰富的当代语义。

第二节 民族服饰元素时尚设计理念

　　民族文化是时尚创新取之不尽的源泉。这句话包含着时尚界后人值得深思的哲理。民族文化的确有很多值得后人引用和发掘的时尚元素，所以，在时尚创新中民族元素和时尚是相互融会贯通的。文化传承和现代时尚追求是相互结合的，也就是说在追求现代时尚的同时不应摒弃传统。

　　作为多民族的国家，中国拥有独特的多民族文化，民族服饰文化更是异彩纷呈。如今，时尚界刮起民族风，以"民族的就是世界的"观念，将民族元素推崇至无与伦比的地位，但简单应用民族元素成为不了人人都喜欢的世界级产品。事实上，民族元素和世界文化之间存在着关联，那就是人人都懂的世界语言——"时尚语言"。只有通过这样的语言将人们当下的生活形态表现出来，才有机会把民族的变成世界的。

　　现代时尚设计应是以人为本的个性化、科技化、环保化的设计。民族传统服饰文化的传承与创新发展工作，是文化强国战略下的重要任务。有许多优秀的设计师用自己的构思和画笔将根植于我们生命中的中国传统民族元素用更加多元、细腻、美好的方式呈现出来，像哲人一样，引领了时代的潮流。面对新时代带来的机遇和挑战，我们要打造传承与发展民族传统文化的有效路径，用国际化的现代语言讲述中国故事，走出一条兼具时代精神与民族气韵的设计之路。

一、民族性与时代性的统一

　　时尚流行具有鲜明的时代性，它总是体现着特定时代、特定社会的精神面貌和理想。中国民族元素时尚设计，要用现代审美意识对民族文化进行再创造，使之与现代设计相适应，既具有中国民族文化的内涵和浓郁的民族风格，又随着时代的变迁和发展而具有鲜明的时代特色。民族性与时代性的有机统一，是民族元素设计的一项基本原则和重要的审美特征。

　　一种传统服饰，要是不能在当代意识的诠释中得到更新，充分呈现特色和独创，哪怕这种服饰艺术历史悠久、丰富多彩，就都会因其封闭、僵化而枯竭，失去光芒。如旗袍，在历史的长河中几经改制、推陈出新，现成为体现中国民族特色的时尚女服之一。当今流行的中式领和开衩的旗袍裙等，都脱胎于旗袍样式。法国著名时装设计大师皮尔·卡丹曾说："在我的晚装设计中，有很大一部分作品的灵感来自中国的旗袍。" 旗袍既有传统的民族特色，又符合当代女性的审美情趣，可谓是时尚界的典范。旗袍的每一次改良都跟时代审美相结合，恰如其分地显现了中国女性的美和时代的美。

　　中国民族元素设计具有鲜明的民族性，它植根于中国民族传统文化的土壤，具有中国民族文化的内涵和特征。例如，植根于丰厚历史土壤、虽饱经沧桑但又从不俯首于命运的苗族人民创造的苗文化，是中华民族文化宝藏中未被历史掩埋且一直鲜明存在的璀璨瑰宝。它不仅滋养着世世代代的苗族人民，近代以来深为中外学者倾倒、关注，越来越成为取之不尽的一个研究源泉，为中华民族文化在新时代走向世界加重了分量、增添了光彩。苗文化的基本特征，无不与苗族的源头多、战争频繁以及在此渊源、背景下所形成的共同心理素质息息相关。如苗族支系不同则其服饰各异，因此出现了千姿百态的服饰。川滇黔毗邻地区的苗族服装上，纵横交错之花纹为田埂，九个小圆点为谷穗，背坎为城池；裙子下摆的两圈条纹，一条代表黄河，一条代表长江。这一带的苗族都说"我们的老祖先是蚩尤，老家本在黄河、长江大平原，在大田大坝上种稻子，后迁徙到西方来的。我们把历史绣在衣裙上作纪念。"同样的故事，在黔东南地区的苗族群体中也被盛传，类似的服装结构、材质、功能、工艺也被传承到现在。苗族的物质文化和精神文化在大同中有小异，总是直接或间接地反映着战争与迁徙的历史，往往表现得古朴、深沉。苗族人民把非凡的经历和超常人的劳苦，凝聚成惊人的知识与智慧，从而创造出古朴光辉的独特的苗文化，其服饰也以鲜明的民族风格在世界上独树一帜。

坚持民族性与时代性相统一的原则，必须将民族精神与科学精神很好地结合起来。民族精神是民族元素时尚设计的灵魂，而科学精神则是民族元素时尚设计不断发展的动力和源泉。科学是一个不断发展的开放体系，科学精神是一种不断创新进取的精神，科学技术的进步必将提高人们的造物能力，促进民族元素时尚设计的发展。新型材料的出现、技术水平的提高，都会在民族元素时尚设计作品中体现出来，使其具有鲜明的时代特色和时尚性。品牌"例外"对苗族纹样的应用，不止于布帛上的借鉴与创新，还在筛选、提取苗族传统刺绣纹样的基础上运用激光切割技术将其抽象、简化，使苗族纹样获得新的触觉体验。如图2-1所示，在黑色羊毛面料上绣着琼紫色的图案，再用激光切割把图案黑色部分镂空。不同的颜色、高低的剪裁、分明清晰的三种层次，在兼具保暖及艺术性的同时让行走创造新的飘逸感。这种应用在2015年秋冬和2017年秋冬的苗系列设计中都有体现，且在棉麻、皮革的面料上都有尝试。

图2-1 "例外"服饰的切割技术应用[1]

---

[1] 号外｜在遥远的时光中穿梭，见证东方文明的力量——例外2017秋冬发布[EB/OL].2017-08-17.https://www.sohu.com/a/165481810_764416

民族元素时尚服装的创意设计主旨在于创新，要通过创新设计的手段使服装产生相对应的独特意境，不仅要一定程度上夸张造型线条、大胆使用不同颜色进行搭配，还要进行不同材质的混搭以及特殊肌理的创新使用。而特殊肌理的创造以及创新面料的使用则是在现代时尚创意服装设计中起着决定性的作用。在同一廓型、同一色彩的条件下，运用不同的面料进行服装的设计制作会呈现出不同的效果。现代时尚创意服装的设计并不是局限于传统的纱线和织物，而是通过创造性的材料来表达设计师的设计灵感和理念，对服用材料进行创意设计。最常用的设计方式，是利用现代高科技的手段对现有面料进行改造，改变面料织物原有的性能和状态，再通过染、缝、绣等基础工艺的结合，使得面料可以在其手感、肌理或表现形式上产生比较大的变化给予服用材料崭新的触摸感受及视觉感受。

中国传统材料和工艺在历史的演变下有着独特的相依性。如果作为文化遗产，这样的组合就是最佳的搭档，但若要想融入现代社会，则需符合现代时尚群的审美观。可以尝试把它们分离开。如果把传统民族技艺分离出来，设计者就有了更广阔的再创造空间，可以尽情发挥创造性和想象力，犹如现在很多艺术家用软雕塑表现彩陶纹样、用玻璃钢表现青铜器等。在民族元素时尚化设计中，用传统技艺反映新题材也是一种很好的方法。例如用编织的方式把钢材、玻璃、光等现代材料交织在一起，呈现一种古典又时尚的风格，就像幻彩的舞台设计，把观赏者带入美轮美奂的奇幻境界。但是，任何艺术设计的创意，如果超出了当代的技术水平，就都只能是一纸空谈，无法成为现实。在民族元素时尚设计实践中，必须妥善处理时尚创意与技术的关系，要坚持时尚创意与技术统一的原则。

民族性与时代性的统一，还体现在民族元素时尚设计的风格必须顺应历史的进程、时代的精神，主动地、有选择地吸收其他民族设计文化所提供的新文化因素和信息，使之成为自我更新和自身发展的新起点，从而以"和而不同"适应时代发展的形象更好地展示自己的民族风格。只有这样，中国民族元素时尚设计才能永远保持旺盛的生命力。

中国古人早已认识到天地自然和谐相生是由不同事物有机搭配而成，"美"是由宇宙间多样事物和谐相生的表现。"和"的含义是协调差异与分歧，达成和谐一致。在中国传统哲学中，"和"能容"异"，而且必须有"异"，才能有所谓的"和"。"和"意味着和谐，它承认不同，而把不同联系起来成为和谐一致。这种和谐统一的设计理念，体现了古人对美的独到见解和追求。从审美构成来讲，"和"就是美，而就艺术作品而言，它又有诸多之"和"。比如，内容与形式之和，内容中诸多因素之和，形式中诸多因素之和，以及艺术风格上的诸多因素之和。

特别是在当今时代，世界各民族设计文化的相互渗透、相互融合，是无法阻挡的必然趋势。未来的时尚设计将不再是单向输出，而是在全球性的文化缔造过程中让每一种文化都贡献其有用、有意义的部分，提供给设计师去熔铸一个新的设计文化。中国必须把握此契机，使中国民族元素时尚设计跟上时代的发展步伐，充分发扬民族精神，永远保持创新发展的活力。

二、 实用性与审美性的统一

　　追求和张扬个性，是这个时代最大的特点，也是当代时尚流行的个人需求。到了21世纪，设计师从产品内部结构的限制中解脱出来，开始更自由的设计，同时消费者也可以根据自己的喜好去挑选个性化的产品了。工业化大生产必定会带来产品的批量化，这样生产出来的成品就失去了设计师的个性，也满足不了消费者对产品的个性化需要。创新不是服装设计的本质，而是解决问题、实现目的的方法。这种目的是为了满足着装者因生活和社会的改变而产生的新需求，也是市场经济中创新者满足需求、获取利润的手段。进入新时代，设计师在构思阶段就要把人作为设计的重要因素来考虑。这样一件产品的生产开发，要用大量时间来调查消费者人群的生活习惯、消费方式、文化层次、心理要求，以及色彩、造型、价格的需求。在这样的基础上来考虑产品设计的定位，这也使设计工作不再只是画个图或是空穴来风的想象，还包括对社会学、心理学、人机工学和美学的掌握，让设计出来的产品像是为消费者量身定做的一样。设计师要考虑除产品造型以外的还要多得多的问题，这样最终形成"人性化设计"。

　　在个性化、人性化设计越来越重要的当代设计中，民族元素时尚设计所承载的功能，一方面是要满足人的审美需要，另一方面是要实现一定的实用价值。实用性和审美性都是民族元素时尚设计的重要属性。只不过面向不同领域的时尚设计，其实用性的表现形式也不尽相同。其中，尤以产品设计的实用性最为突出，与人们日常生活的联系最为密切。一般说来，实用性是审美性的前提和基础，审美性反过来也可以增强实用性。坚持实用性与审美性的有机统一，是中国民族元素时尚设计的一个基本原则，是体现实用为本的设计理念。

　　设计的根本目的还是要方便人的使用。在处理实用与审美的关系时，坚持"以人为本"的思想，是中国民族元素时尚设计的一条重要指导原则。比如，以首饰来装饰人，应明确"人是首饰的主人"，要注重人在装饰中的主体作用。如果不能妥善处理实用与审美的关系，过度装饰以至于"见金而不见人"，就反而可能会起到"损娇掩"的作用，达不到预期的美化效果。因此，在运用苗族的服饰元素时，不管是直接还是间接的运用，都必须充分认识到，是"人饰珠翠宝玉"而不是"珠翠宝玉饰人"。要突出人的主体作用，根据使用者的具体情况适度装饰，这样才可能达到理想的审美效果，被人们喜爱，成为时尚。

　　在处理实用与审美的关系时坚持以人为本的原则，就必须注重研究和了解各个时尚层次消费者的审美取向，努力满足他们的使用要求和个性审美需要。

三、 传承与创新的统一

　　如今时尚、创新已成为都市文化生活中不可或缺的一部分。时尚一直作为"无形的手"推动着设计与创新，而设计创新同样引导着大众趣味，催生、造就新一轮的当代时尚。时尚具有时间上的流行性和历史上的延续性。流行性说明了特定时尚现象的时效性，可能盛行一时，但往往昙花一现；历史上的延续性说明了较多时尚现象具有反复性，所以在时尚历程与设计风格上屡次出现了复古、怀旧的情结及反复。

民族传统文化是传承千年的宝贵财富，是先辈留给后人的珍宝，凝聚了世世代代在发展过程中形成的民族精神、民族风采、文化内涵等。在民族元素时尚创新活动中，只有传承才会有一个结实的根基，创造出来的作品才可能是继承了深厚文化内涵的精湛艺术。从许多成功的案例中不难发现，只有真正地传承、创新，才能够感动人，才能得到价值认同，最终能够得到市场的拥抱。为了一个民族的长远发展，如何处理好传统与现代的关系，对实现民族元素的时尚设计应用至关重要。传承，由"传"与"承"衔接。古往今来，作为面向未来的传统文化，想要延续其生命力，使之既不失去本色也不在时代的洪流中褪色，就要在保护中创新、在创新中传承。以苗族刺绣为例，从绣品中可以看到流传下来的图案纹样、工艺技法，能领悟到苗族祖先在绣品中倾注的感情和对未来的美好祝愿以及代代相传的民族文化。在创新设计的过程中，要铭记苗绣传统、守住传统精髓，不忘初心，坚决避免将传统"异化"而失去本色；要深入挖掘苗绣中的民族文化内涵，将苗族的民族元素运用到现代时尚创新设计中，继承传统、推陈出新，推动民族文化在新时代背景下焕发活力。在苗绣的发展道路上守住本、不跟风，立足自身，找准适合自身的方向，依托时尚的力量，通过创新设计将苗族刺绣元素这一经典视觉图式活化，这是其再生的有效方法之一。

中国民族元素时尚设计得以发展的一个重要动力和源泉，就在于传承与创新的对立统一。如果不能很好地传承中国传统文化的精华，中国民族元素时尚设计就难以实现可持续发展；如果不能坚持在设计上创新而是满足于复制、翻版，中国民族元素时尚设计就会失去生命活力。继承传统的同时进行创新设计时，要充分体现时代精神和满足现实的需要。

中国民族元素时尚设计的发展，一方面需要深入研究中国民族传统设计的文化内核，传承中国传统设计文化的精髓；另一方面要跟上时代变迁和科技发展的步伐，适应当代社会的现实需求，不断有所创新、有所前进。在时尚设计实践中，既要从民族的传统造物设计历史中汲取对现代设计有益的营养，又要对民族传统的东西进行科学的分析，在传承的同时有所扬弃。以"时尚"为审美标杆加以"创新"设计手法进行改造，从设计的视角重新解读传统民族文化及思想，以期给今天的文化创新、中国设计提供可借鉴路径。

要将民族传统文化精髓为我所用、深度继承，不仅要在形式上完成创造和创新，更要将这种文化融合进国民精神深处，且代代相传。优秀的传统文化能够存留过去，也可以适应当下，更可以面向未来。真正的文化传承在任何情况下都会迎来价值认同，具有无限的生命力。

第三节　民族服饰元素时尚设计方法

作为设计领域中的核心概念，设计方法涵盖了从构思到实现的一系列策略和技术。在定义上，设计方法可以被理解为一套系统性的、结构化的思维方式和操作手段，旨在解决设计过程中的各种问题、实现设计目标。设计方法是推动设计创新的关键。在时尚设计中，设计师常常通过引入新的设计理念和工具，不断拓展设计的边界和可能性，推动设计行业的不断发展和进步。随着人们审美观念的不断变化，时尚设计日益凸显出多元化、个性化和可持续性的需要，因此，有着深厚文化底蕴又有着多元特征的民族传统服饰文化备受关注，逐渐成为时尚设计师们争相探索的灵感源泉，使得越来越多的设计师们从中获取思路、借鉴设计方法。

时尚创意的产生与艺术表现，无疑关注于观念与想法如何视觉化的问题。因为，时尚设计主要也是经由视觉艺术来传达的，当然，它同时还涉及人的审美通感及其关联。因此，这里显然要关联到民族元素及其视觉性重构。民族的生存及其民族性特质，既是民族文化重要的、不可或缺的基础，同时也是民族时尚观念与思想所发生的前提。当然，这并不是说，民族性简单地规定着时尚创意表现，而是旨在表明民族性渗透在民族时尚创意及其相关文化的根基里。更为重要的是，民族元素及其向时尚艺术的渗透，还必须考虑如何实现时尚化以及怎样才能获得时尚感的问题。在艺术与文化的语境里，民族性及其元素得以创造性地重构，无疑是激活民族性创意与设计灵感的重要方式。如何在视觉化中去表现民族意识与文化，也是民族时尚创意与设计的重要问题。当代的时尚设计不仅应当关注主流文化，也应开始注重从民族文化语境里汲取灵感与得到启发。一定要充分重视各民族元素及其特征的深入揭释。视觉化，不仅应将民族性加以一般的表现，还更要揭示与彰显民族性所蕴藏的文化意义。应该可以说，这种民族性是民族时尚创意的艺术、思想与文化之源。

中国是一个多民族国家，各民族的传统文化在保持各自独有特色的同时，不可避免地相互渗透、相互影响，形成同中有异、异中有同且多姿多彩的多样性共存的局面。作为民族文化最直观的外在表现形式——服饰，自然也呈现出多样性特征。这种多样性特征主要表现在款式、色彩和装饰的多样性上。这种多样性也是民族审美心理最直观的表现形式。比如从装饰来看，各民族喜欢采用的工艺方法不同，装饰风格也很不一样，服饰间的差异自然就拉开了距离。布依族喜欢用蜡染，简洁古朴、不施装点；而苗族喜欢用挑花、刺绣、编织、贴绣等方法装饰衣服。其手法风格各异，繁简不等。苗族"百鸟衣"的整套衣服皆布满各种鸟纹、花纹图案，繁琐且考究。这些民族服饰，无论在制作工艺方法、装饰风格、色彩的应用，还是服饰图案以及服饰造型等，构成了中华民族的根和本。这些丰富的元素是现代服装设计师时尚创作的源泉，都可以被借鉴和利用。设计者们要做的是，在对传统民族服饰表现方式正确解读的基础上，对传统的民族元素加以改造、提炼和运用，赋予其更多的时代特色，使其能够散发出更加美好的气息。具体可以借鉴以下几种方法。

一、借鉴民族服饰文化

文化是一个国家、民族的根本和精神命脉。民族服饰承载着丰富的历史信息和民族情感及文化内涵，隐含着人们对世界的理解和态度，体现当时代的生活方式和价值观。民族服饰文化不仅具有深厚的文化底蕴和艺术价值，更能够为时尚设计带来无限的创意灵感和可能性。

如今，民族服饰元素以其独特的魅力与特色，在时尚界中独树一帜。民族服饰文化以别具一格的设计理念和独特魅力，在时尚界中焕发出新的光彩，吸引着众多时尚爱好者的目光，掀起了一股民族风潮流，也为民族传统文化的传承和发展注入了新的活力。

民族服饰文化的借鉴绝不是对民族服饰诸多元素的简单模仿，而是浸润在民族服饰文化中，通过感受、体验民族服饰文化的风采，把握住民族传统文化的特征，创作出富有韵味、民族情感、民族文化精神的服装样式。当代设计实践者均可以在所从事的领域，通过丰富现代设计艺术中的构成元素与所设计产品的消费大众产生情感共鸣，提升现有设计产品的人文色彩，体现深厚的文化内涵。

民族服饰元素是设计师们取之不尽、用之不竭的创意源泉，但设计师们应该尊重传统民族服饰的文化内涵和历史价值，避免过度商业化和滥用现象的发生。近年来，国外的设计大师们纷纷渴望从中国文化中汲取营养，中国的设计师们更应该去发扬本民族的文化精髓，弘扬民族之美。

二、借鉴民族服饰造型

中国各民族服饰造型各具特征，凝聚着各民族服饰的精华，又蕴藏着丰富的创作经验和技能。中国民族服饰发展历史悠久，各民族的生活方式、生产方式、习俗风尚、文化传统有着较大的差别，使得各民族的服饰款式丰富、种类繁多，各个地区及民族的服饰样貌皆有所不同。其服饰造型及结构具有很多优越性，体现各族人民的造物思想和设计智慧。它启发我们设计创新的灵感，在服装的现代设计应用中必将占有重要位置，拓宽时尚设计的边界。

当今世界，由于科技的发展，电脑的普及，人们的工作方式和生活方式都发生了巨大的变化。人体对服装的要求也随着生活和工作方式的改变而有了很大的改变，只有熟悉并掌握民族服饰造型的特点后，才能创造出既具时代感又有民族神韵的设计作品。在借鉴和汲取民族服饰造型的过程中，抓住部分典型特征，并结合时尚流行趋势与消费者的个性化需求相融合，可创造出魅力无穷的时尚服饰。如贵州紫云县古董苗中老年妇女所穿的铠甲服饰的造型，设计师领悟其历史传说之后，不对称式的造型结构非常合理并且很别致，将其造型结构糅进现代服装省道结构设计中，展示出中华民族服饰的魅力，产生意想不到的效果。这一手法并非单纯模仿民族服饰外观的造型或形式上的单纯复古、直接照搬，只有借鉴。

三、借鉴民族服饰色彩

民族服饰色彩如同自然环境和民俗风情一样多姿多彩，有淡雅素丽的、朴素大方的、浓艳热烈的。服色的选择及运用在许多民族中牢牢地打上了文化的印记，它凝聚着民族的生存发展史，联系着一个民族的观念意识、信念情感。无疑，色彩作为服饰的重要因素在民族服饰中有着举足轻重的作用，成为传达其文化的载体，渗透着民族的人生历程和社会规范以及文化心理的各个方面，并折射出民族的心理情感和精神世界，是文化心里积淀的结果。

很多民族在长期的生产生活中，自觉或不自觉地掌握了许多美的要素和法则，形成了丰富的、绚烂多彩的美感形式。有的民族崇尚白色，有的又偏爱黑色、赤色，有的明快素雅、秀丽和谐，有的鲜艳夺目、对比强烈，有的凝重深沉、庄重朴实……细细品味起来就会发现民族服饰中对配色相当讲究，并遵循一定的准则，以对比、搭配、点缀、陪衬等方式，形成各自独特的风格，非常具有视觉冲击力和艺术美感。

色彩在设计方法中扮演着举足轻重的角色。研究表明，色彩能够引发人们不同的情绪反应，如红色通常代表激情和活力，蓝色则给人以平静和信任感等。因此，在设计中巧妙地运用色彩可以营造出特定的氛围，增强设计的吸引力和感染力。将古拙艳美的民族服饰色彩运用在时尚设计中，必须根据具体的设计需求和目标受众的喜好进行调整和优化，合理搭配使用，如或大面积运用、或点缀在服饰的局部上，使服装既有传统的意蕴，也有时尚的美感。

四、借鉴民族服饰图案

各民族服饰各具特色的主要表现还在于装饰的不同。这些独特装饰手法有的侧重于头饰，有的侧重于腰饰，有的侧重于领、袖、门襟、下摆等部位的装饰，往往这些装饰部位是以图案和纹样的形式出现。这些图案纹样，最初出现是具有实用的功能，所以，大多织绣于服装中最易磨损的部位，如领、袖口、衣襟等处，增加了服装的耐磨性，也起到了保护的作用。后来这些最初简单的图案与纹样渐渐地变得复杂和完善起来，演化成一种装饰，起到了调整和辅助服饰整体的作用，往往能起到画龙点睛的效果，使服装更加完美和更具魅力。民族服饰图案，绝不随便依附于某种主体，也并非是可有可无，其许多图案不仅显现着历史文化的内涵，而且经过多年的演变，已成为民族服饰的不可缺少的一部分。它不仅协调美观，而且与服装相得益彰、共壁生辉。

在时尚设计中，图案是设计的重要组成部分，直接影响到产品的第一印象和使用体验。因此，设计师需要掌握一系列的设计技巧，以确保图案能够准确传达信息，同时具备良好的视觉美感。比如，简洁明了的线条和形状更容易被用户识别和记忆；合适的色彩能够引发用户良好的情感反应；合理的布局能够使图案更加突出，增加协调性和美观性。总之，图案的设计技巧涵盖了多个方面，包括线条、形状、色彩以及布局等。设计师需要综合运用这些技巧，根据产品的定位和用户需求来设计出既有内涵又美观的图案，从而提升产品的整体质量和用户体验。

借鉴民族服饰的图案时，为了避免图案过于复杂，可提取民族服饰图案的少量元素来放大使用。设计师在进行现代设计中，不同的图案，可以打散、重新排列与组合，避免大面积地应用图案。因此，局部的应用不失为一种常用的设计方法。在设计时可采用一些民族特色的图案元素进行上下、左右、前后、内外的整体配合，形成一种整体感。图案可以左右对称，在领口、袖口、下摆、门襟等处重复使用，在上下、前后、内外反复使用，充分体现统一、和谐之美。

在时尚设计中，民族服饰图案的创新运用不仅体现在单品设计上，更在于其背后的文化价值。设计师们通过深入研究民族服饰图案的文化内涵和象征意义，将其与现代审美观念相结合，可创造具有深刻文化内涵的时尚作品。这种创新运用不仅提升时尚设计的艺术价值，也能够增强消费者对传统文化的认同感和自豪感。民族服饰图案在时尚设计中的创新运用是一种富有创意和深度的设计实践。它不仅丰富时尚设计的文化内涵和艺术表现力，推动传统文化的传承与发展，更是对现代审美观念的挑战与突破。

五、借鉴民族服饰工艺

由于中国民族服装的式样和裁剪特点，中国民族服饰样式呈现平面化的特色，因此，制作工艺就成了民族服饰的重要表现手段。这些工艺有的直接用于面料或服装加工，如刺绣、镶边、绲边、扎染、蜡染、钉珠等传统装饰手法，有的则以面料、服装之外的饰品、配件形式存在，再与图案、材料、色彩相结合，成为民族服饰装饰表达的重要手段之一。

中国地域辽阔，民族众多，民族服饰工艺呈现出丰富多彩的特点。不同地域多样的自然环境和丰富文化对民族服饰工艺的影响深远，使得各民族的服饰工艺具有较高的辨识度和吸引力。例如，在西藏地区，由于高原气候寒冷，藏族服饰多采用羊毛、牦牛毛等保暖性能好的材料。其服饰的制作工艺也十分独特，如藏袍的缝制过程中，会采用特殊的针法和线迹，使藏袍既保暖又耐用。这些材料和工艺的选择，不仅适应了高原地区的生活需求，也体现了藏族人民对自然环境的适应和尊重。苗族服饰则以其独特的银饰工艺而著称。苗族银饰工艺历史悠久，技艺精湛，被誉为"银饰之乡"。苗族银饰不仅具有装饰作用，还承载着丰富的文化内涵和象征意义。在材料上，苗族银饰选用纯度较高的银材，经过多道工序精心打造而成。在工艺上，苗族银饰注重造型设计和雕刻技艺，使得每一件银饰都独具匠心，充满艺术感。这些特点使得苗族银饰在市场上具有较高的收藏价值和文化意义。各民族各地区文化对服饰工艺的影响还体现在其传承方式上。许多民族服饰工艺的传承都是口传心授、代代相传，这种传承方式使得民族服饰工艺在特定的地域文化中得以延续和发展。同时，地域文化也为民族服饰工艺的传承提供了丰富的土壤和养分。

民族服饰工艺都各具特色，充分展现了中华民族文化的多样性和丰富性。民族传统工艺在时尚设计中的传承与创新，不仅是对古老文化的尊重与传承，更是对现代审美与实用性的融合与提升。这些民族服饰工艺不但为时尚设计注入了新的灵感与活力，还成为现代时尚产业的重要组成部分，为文化产业的发展注入了新的活力和动力。

时尚性和商品性是运用民族服饰元素进行创意设计的两个基本特性，创造价值是最终目的。利用现代设计手段对民族题材与元素加以符合时尚审美理念的再表达，对民族元素进行符合民众心理和设计师审美意趣的再演绎，是对时尚文化和民族传统的再发展。

近年来，中国民族元素在服装设计中运用的成功案例也越来越多。经过现代设计师们的再创作，极度表面化的民族风格服饰的设计越来越少，而体现民族文化内涵以及表现民族元素的融合更为多见。设计师们进行民族元素服饰的时尚创意设计时，在继承民族传统的前提下，若了解民族风格服饰表现特征则能更快地找准设计方向，若了解民族元素时尚服饰的表现形式则能更清晰地知道设计的目的和要求。

第三章

苗族传统服饰文化

服装无声，但它道出一切。服饰的起源与人类文化的发展是紧密联系在一起的。不同民族在其特有的地理、人文环境中获得了各自的存在方式，不同的服饰反映了各具特色的文化传统和文化心理。当然，也由于生产方式和生活方式的不同，导致了服饰的不同、审美心理的不同。

　　人类最早制作服装，是为了抵风御寒、防止虫蚁的侵袭、保护肌体。不同民族在不同历史时期的服装，尽管材质、款式形形色色而各不相同，但其共同点是用以防寒蔽体。"饰"的运用开始时也与实用功利有关。比如苗族服装的装饰部位，大多为衣领、衣袖、衣背、衣肩、衣边、围腰、裙缘等，由于这些部位易于磨损，因此借助绣花、蜡染、镶边等方法予以加固，一些民族刻意在这几处精绣细画，于是它们成了重点装饰部位。这些刻意装饰各有所好，成为了某一民族或支系服装的主要标志，有的甚至成为该民族的符号，如土族的五色袖、黄平苗族的衣背花等。另外，人类为了满足自己的不同需求而去更换衣服、装扮自己（虽然有些动物为适应不同的气候、风土而更换"衣服"，但人是按照自己的意愿穿脱衣服、选择衣服）。人们出于审美和精神的需要更换各种各样的服装，因此可以说，服装是人类精神生活的物化。随着人类文明的进步，人们对服装的审美意识逐渐与实用意识分离、独立开来。人与服装的关系，从物质需要上的依存关系到融入了审美意识，又衍化为审美的主客体关系。而服饰一旦作为一种审美的客体，人们就对其以美的尺度加以衡量，这可见其审美价值。实用价值是具体的，审美价值是抽象的。

　　社会在发展，时代在前进，各民族的文明程度在不断提高，人们的审美观念自然会发生变化并物化到衣冠服饰之上。服装是时代的表情，也是时代的产物，时代的变迁影响着人们审美心理的变化。服饰作为审美心理的对应品，无疑将随着当时的政治、思想、文化的影响以及生活方式的变迁，呈现出千变万化的款式。每一个民族都有其独特的服饰，从头到脚，反映本民族独有的情趣，有别于其他民族的服饰特征。服装成为一个民族的文化象征。

　　伴随着现阶段人类社会不断发展，服装产业也日益壮大，西式"跟风"款的一成不变的设计带来了服装风格上的单一化、程序化。这种设计不仅不能满足人们对美的需求，也不能满足人们对时尚个性的追求，所以对传统文化中的民族元素进行提取，并与现代服装设计概念进行融合，已经成了当今社会服装设计大师们的设计灵感来源，使得民族元素的服饰越来越多地活跃在时尚T台上。而在继承并不断发扬传统工艺的基础上，苗族等服饰元素不仅拥有着多元化的制作工艺，还蕴含着时尚化的设计元素，能够满足现代社会人们追求着装的时尚化、个性化的需求，具有广阔的发展前景。

第一节 多姿多彩的苗族服饰

苗族服饰作为中华民族传统文化的重要组成部分，蕴含着丰富的文化内涵和民族智慧，其文化价值与社会意义深远而广泛。

总体来说，苗族男／女装可以分为盛装和便装。它们在服装形制、选料和搭配上有着较大之别。便装是苗族人的日常装束，与盛装相比，受时代经济和科技发展影响较大。因受现代服饰文化的冲击和当代苗族人生活观念的变革，在日常生活中苗族民族服饰逐渐消失，其民族印记明显减弱，尤其在男装上影响更加明显。日常女性服装在保持基本苗族特色基础上，出现了传统与现代服装混搭特色。相对来说，苗族盛装保存基本完好，有较大的研究价值。盛装是出席正式或盛大的节日、庆典和活动时所穿着的华丽的、不同于平日劳作所穿的服装。盛装讲究整体搭配，不仅上衣下装精工细作、精心选料，而且在配饰上也相当考究，从头到脚的装饰或佩戴的银饰在形状和纹样上也各具特色。苗族女子盛装在服饰整体造型、服饰纹样及制作的精致程度上都区别于一般便装，尤其配合场合而选用的银饰一直被视为苗族服饰整体造型的重要因素之一。所以，这里主要讨论具有代表性的盛装。

一、苗族服饰的起源与发展历程

苗族服饰展现了苗族人民对自然、历史和生活的深刻理解和独特审美。这些服饰不仅具有极高的艺术价值，更是苗族文化的重要载体，传承着苗族人民的历史记忆和文化传统。

苗族是一个古老的民族，苗族先民最先居住于长江中下游和黄河下游一带，距今五千多年前，逐渐形成了部落联盟，叫"九苗"，以蚩尤为其首领。在涿鹿（今河北省涿鹿县）被黄帝为首的另一个部落联盟打败后，到尧、舜、禹时期又形成了"三苗"时代，迁移至江汉平原，后又因战争等原因，逐渐向南、向西大迁徙，进入西南山区和云贵高原。自明、清以后，有一部分苗族移居东南亚各国，近代又从这些地方远徙欧美。苗族人的足迹遍及半个中国，从北而南、由东而西，经过了大幅度、远距离、长时期的 5 次大迁徙。苗族是一个很大的民族，在中国境内人口约 11067929 人（2021 年中国统计年鉴），人口总数在少数民族中居第四位。分布地域也非常广阔，贵州、四川、重庆、湖南、湖北、广西、云南、海南等省或自治区 170 多个市县都有大小不等的聚居区。在国外有 200 多万人散居在十多个国家，堪称是世界性的民族。苗族历史悠久、支系众多、分布地域广阔、文化特征繁多。据史书记载，苗族服饰的起源可追溯至远古时代，其历史之悠久、文化之深厚，堪称中华民族服饰文化中的瑰宝。苗族先民在长期的迁徙和定居过程中，逐渐形成了独具特色的服饰文化。这些服饰不仅具有保暖与遮羞的基本功能，更承载着苗族人民的历史记忆、宗教信仰和审美观念。

关于苗族服饰的历史在很多文献中都有体现。最早在西汉时期，《淮南子·齐俗训》中记载"三苗鬓首，羌人括领，中国冠笄，越人劗鬋，其於服一也"[1]。描述了早在三苗时期苗族先民就有将头发盘在头顶上的习俗。"鬓首"就是用麻线将头发盘于头顶，现如今苗族的很多支系女性盛装头饰中的银牛角和掺假发盘发就是其真实的再现。

秦汉时期，《后汉书·南蛮传》和《搜神记》记载苗族"织绩木皮，染以果实，好五色衣服，制裁皆有尾形"[2]，表明了在秦汉时期苗族就已经拥有了纺织技术和染色工艺。唐朝时期，《隋书·地理志》记载"诸蛮本其所出，承盘瓠之后，故服章多以斑布为饰"[3]。"斑布"就是对苗族服饰中的蜡染技艺的最早描述。在《新唐书·南蛮传》和宋代郭若虚所著的《图画见闻志》中有记载，"东蛮"酋长谢元琛带着一支苗族队伍来长安城史实，在《图画见闻志》中记录的较为详细，"贞观三年十二月，闰月丁末日，苗族首领谢元琛入朝，冠乌熊皮若注族，以金银络额，被毛帔，韦行縢，著屦"记录了当时苗族酋长在觐见时穿着的服饰，就是当今黔东南地区的百鸟衣。

明朝时期，苗族服饰在各方面都有了较大的发展。《五溪蛮图志》记载"昔以褚木皮为之衣，今皆用丝、麻染成五色，织花绸、花布裁制服之"[4]。从记载中可以看出明朝时期的苗族服饰已经从"木皮"发展到丝、麻，并且开始"织花绸"，服饰的颜色也变为"五色"，表明了当时服饰在材料上的转变以及织布工艺和染布工艺已经有所发展。

现今，我国黔东南苗族侗族自治州雷山县是苗族迁徙的集结地之一，以苗族为主的民族风情浓郁，富有极其深远的民族文化内涵。境内苗族因裙子的长短有特色，用其命名为长裙苗和短裙苗。雷山的长裙苗主要分布在雷山县的西江、丹江、朗德和方祥等乡镇。关于长裙苗服饰的历史，文献中也可见一斑。对于苗族服饰记录得比较详细的是清代的"百苗图"。据杨正文先生介绍[5]："百苗图"其实是对清代《苗蛮图册》等几种图册的称呼。芮逸夫先生在影印《苗蛮图册》序中说："绘画八十二种人之《苗蛮图册》，或简称《苗图》，又有称《百苗图》《苗蛮图》《黔苗图说》《黔苗说》者。" 在《苗蛮图册》中有一幅黑苗图，图中记载到，"黑苗在都匀、八寨、丹江、镇远、黎平、古州。男女跣足，陟岗如猿，悍强。孟春择地为笙场，老幼穿锦背心，以竹为笙。善歌者为歌师……"。图3-1所示为《南蛮图册》中的一幅黑苗图，图中绘有四男吹笙。四人均手持芦笙作边吹边舞状，头椎髻，内穿长袖素色衣，外穿布满纹饰背心，腰束绣片制成的飘带，宽脚裤，长及膝，绑腿赤足。其实，"黑苗"是泛指今黔东南一带穿青色服饰的苗族群体，包括许多不同的支系。至今，黔东南仍然是苗族支系最多的地方。

[1] （汉）刘安编，陈广忠注释. 淮南子译注 [M]. 长春：吉林文史出版社，1993.

[2] （汉）范晔. 后汉书：卷八十六. 南蛮西南夷列传七十六 [M]. 北京：中华书局，2005.

[3] （唐）魏微. 隋书：志第二十六. 地理下 [M]. 北京：中华书局，2008.

[4] （明）沈瓒，等编，伍新福校. 五溪蛮图志 [M]. 长沙：岳麓书社，2012.

[5] 杨正文. 苗族服饰文化 [M]. 贵阳：贵州民族出版社，1998.

图 3-1《南蛮图册》中的黑苗图

　　可见，苗族服饰早在西汉时期的文献中已能寻找出踪迹，在西汉时期苗族人就开始将头发盘在头顶上，与现今长裙苗地区人们的装扮几乎相同。在秦汉时期，苗族人民就已经掌握了一套完备的纺织体系，在唐朝时期就已经掌握蜡染技艺，明朝开始，苗族服饰在材料及纺织技术上更是有了质的飞跃。这些都是现今苗族服饰风格成熟的基础。

二、传统苗族服饰的种类与样式

　　苗族服饰种类众多。研究苗族服饰首先需要对苗族不同支系进行分类。苗族服饰长久以来一直是许多学者热衷研究的对象。关于苗族服饰研究的文献也很多，每一文献和书籍都按各自不同的分类方式和不同的研究视角将苗族服饰分为数十种类。其中《黔书》中将苗族服饰分为 30 种类型，《黔南识略》中将苗族分为 63 种类型，《黔南职方纪略》中将苗族服饰分为 52 种类型，《黔记》和《苗蛮图册》中将苗族服饰分为 82 种类型，《苗族服饰文化》中将苗族分为 60 种支系。《中国苗族服饰图志》[1] 中收录的苗族服饰就有 170 多种款式，款款不同且美轮美奂。苗族人分布广泛，不同地区的苗族服饰也存在着差异。有的学者按地理位置将其分为黔东南型苗族服饰、黔中南型苗族服饰、川黔滇型苗族服饰、湘西型苗族服饰以及海南型苗族服饰五种形制及其他若干特色款式。但是这样大面积地笼统分类，还是对苗族多样服饰有种说不尽的遗憾，因为同一地区的苗族，如果隔着一座山就会有截然不同的服饰。如图 3-2 和图 3-3 所示，同样都是贵州剑河县境内的苗族服饰，但可以看出其截然不同特征的服饰造型和色彩及装饰。图 3-2 为剑河县九旁乡交襟裙装型苗族服饰，由左衽斜襟短袖上衣、百褶裙、锡绣围腰及配饰（帽饰、腿饰、鞋、首饰）构成，以家织藏青亮布为材料，并以白布做衬里，锡绣为亮点，整体服装穿起来端庄、古朴、大方。而同样为剑河县苗族的另一群人们，却穿着全然不同风格的服饰。图 3-3 为剑河县柳川苗族服饰，由右衽斜襟长袖

---

　　[1]　吴仕忠. 中国苗族服饰图志 [M]. 贵阳：贵州人民出版社，2000.

上衣、百褶裙、围腰及配饰（帽饰、腿饰、鞋、首饰）构成，上衣和围腰用红色绣片装饰，绣面之间用白色线条装饰错落有致，围腰长度到脚踝，前衣片用银饰装饰，整个服饰穿起来喜庆、华丽无比。它与前者有着很大的不同。从上述的简单对比案例中就可见，苗族服饰丰富多样。单剑河县境内苗族服饰就有百余种类，所以，对全部的苗族服饰——去分类、分析，是一个难度非常大的工程，远不是小小的一本书能完成的工作。本书这里结合苗族居住的地理位置及其服装款式类型，将苗族服饰划分为 13 个主要支系进行简单介绍。

图 3-2 剑河锡绣苗族服饰　　　　　　图 3-3 剑河柳川苗族服饰

1. 清水江型

清水江型苗族服饰以台江、剑河、雷山等地为代表，清水江型服饰共有 13 种类型，包括革东式、革一式、台拱式、六合式、西江式、久仰式、施洞式、黄平式、高丘式、巫门式、柳川式、贞丰式和稿旁式。该型服饰特点是穿交襟大领上衣，袖口较为宽大，下装穿百褶长裙，并以银饰搭配，这一类型服饰是苗族服饰中用银饰作为配饰最多的类型。其中，台拱式上装为大领交襟，前襟长于后摆。服装整体装饰部位集中在衣领、衣襟、袖部和花带上，下装搭配深色百褶裙，整体服装看起来沉稳大方。西江式服饰上衣为交襟大领衣，下装为长百褶裙，并在百褶裙外搭配飘带裙，西江式女盛装喜用银饰作为搭配，银饰的主要类型有银角、银帽、银项圈等。

2. 短裙型

短裙型服饰主要分布在雷山、凯里、丹寨等地，短裙型服饰共有 4 种款式，分别为久敢式、舟溪式、古装式和大塘式。短裙型最大的特点是裙子很短，且层层叠加穿着，显得很立体。舟溪式苗族服饰为对襟大领，衣袖宽大，装饰部位主要集中在袖部、背部和肩部，腰束织锦腰带，喜欢多条裙叠穿后再系围裙，穿布脚筒或绑腿。大塘式上装为宽袖对襟敞领，腰上系织锦花带，穿短裙时喜欢多层叠加起来，扎绑腿。

3. 月亮山型

月亮山型服饰主要集中在雷山、丹寨、榕江等地区。该型有9种款式，包括高增式、加勉式、高隋式、八开式、加鸠式、岜沙式、融水式、平永式和雅灰式。例如八开式，其上衣为对襟大领，内穿绣满刺绣的胸兜，下装穿带羽毛的飘带裙。又如雅灰式，上装穿对襟大领，内穿胸兜，腰挂银链，下装为百褶长裙，裙前围菱形绣帕，带脚套。再如岜沙式，上装内穿棱形胸兜，外穿对襟低领紧袖上衣，下装穿百褶裙，戴腿套。

4. 丹都型

该类型服饰以丹寨、都匀一带为代表，共有两种款式，即龙泉式和坝固式。该型服饰的总体特点是上装穿短小上衣，下装穿统裤并系围腰。例如龙泉式，上装为短得不能遮腹的大襟右衽上衣，穿着时系围裙，配以花带或银链，下装穿宽脚裤，扎绑腿，脚穿布鞋。又如坝固式服饰，上装为右衽圆领上衣，下装为筒裤，系围腰。

5. 三都型

三都型服饰以三都自治县普安地区为代表。穿着该类型服饰的妇女，头顶挽发成高髻，佩戴银簪装饰，头发挽髻后插满折枝银花，佩戴银梳，额头顶插银角，用黑红织锦巾折叠成宽3厘米的发带箍头一圈，戴叶形耳环。三都型上装为大襟左衽紧腰上衣，穿着时不用纽扣而用布带系起来；下装为裤，裤长及足背，裤上有彩色刺绣和五色珠子；脚穿圆口绣花鞋。

6. 罗泊河型

罗泊河型以福泉市罗泊河和黄平县重安江为代表，该型有2种款式，分别为罗泊河式和重安江式。服饰的总体特点是，喜欢蜡染和刺绣并用，上装穿开襟上衣，下装穿百褶裙。例如罗泊河式，上衣为大领对襟，两胸襟对称地在内缘镶异色布且穿着后外翻，衣长到臀，中袖，系围腰并用不同色的宽布腰带来固定，下装为细褶中长裙，裙长至小腿肚。又如重安江式，上装为对襟开胸衣，袖紧且长，后摆齐腰开衩似燕尾服，下装为蜡染百褶裙，裙由上、中、下三段组成，穿着时系围裙，穿绑腿。

7. 贯首型

贯首型主要分布在花溪、乌当、清镇等地，共有6种款式，有德峨式、花溪式、麦格式、坪岩式、乌当式和鲁沟式。服饰特点是，上装穿贯首式上衣，下装穿百褶中长裙。例如乌当式，以贵阳市乌当区下坝为代表，上装为前短后长的贯首衣，且衣上有挑花、堆花和贴花等多种装饰，下装为蜡染贴花装饰的中长百褶裙，穿着时系前围裙，小腿绑缠腿巾。

8. 黔中南型

黔中南型服饰有两种类型。一种是以贵阳、惠水等地区为代表的服饰，该类型有7种款式，包括摆榜式、大坝式、广顺式、高坡式、云雾山式、中排式和摆金式。例如惠水摆金式苗族无领对襟装，其特点是上装为对襟开胸上衣，下装为百褶裙，银饰使用得较少。另一种是以惠水、罗甸、长顺等地为代表的服饰，此类型有3种款式，即关口式、鸭寨式和董上式。

这类服饰与布依族服饰较为相近，上装为大襟上衣，腰较细，下装为百褶裙，配饰使用得较少，较为朴素。

9. 川黔滇型

川黔滇型服饰为覆盖地区最广的一种类型，可分为 14 种款式，即滑石板式、文山式、阿弓式、摩尼式、寨和式、分水式、西林式、丘北式、洒雨式、乐旺式、开远式、江龙式、织金式和金平式。织金式上装为右衽上衣，腰较小，衣摆呈燕尾形，领和襟的边用挑花带装饰；下装为百褶长裙。

10. 安顺型

安顺型服饰以安顺为中心，该类型分为 3 种款式，即高寨式、华岩式、河坝式。其服饰的主要特征是，上装为大襟上衣，衣摆多层相接，花饰较多，下穿百褶裙，盛装银饰极少，装饰部位主要集中在袖部。例如，华岩式上装袖窿至袖口处用 4 道绣片装饰，下装穿青色细百褶裙，裙脚用浅蓝色和白布包边，离裙边约 8 厘米处有一道用红、蓝色丝线挑花绣的花纹，腿缠挑花绑腿。

11. 乌蒙山型

乌蒙山型服饰主要分布在黔西北、滇东北地区，分 8 种款式，包括武定式、甘河式、六冲河式、燕子口式、威宁式、陆良式、大方式和镇雄式。乌蒙山型服饰的主要特点是，上装较为粗犷，围披肩，多以挑花装饰，下装搭配百褶裙，很少使用银饰。例如威宁式，上装内穿长袖衬衣，外衣为开襟上衣，无袖、无领、无扣，下穿百褶裙。又如大方式，上装内穿长袖衬衣，外穿开襟上衣和高领宽坎肩，袖边用色布贴饰，下穿青色百褶裙，穿着时系梯形围腰。

12. 湘西型

湘西型苗族服饰的代表地区是贵州松桃、花垣以及湖南凤凰等地。湘西型苗族女装分为花垣式、月亮山式、凤凰松桃式、三穗式和古装式五种样式。湘西型苗族盛装面料为青黑色绸缎上衣，并搭配刺绣云肩，以项圈、手镯、耳环等银饰作为配饰。

13. 海南型

海南型以海南省南部及中部山区为代表。海南型服饰的特点是：上装穿圆领斜襟右衽上衣，两袖细长，装饰部位集中在袖口，以挑花图案为主，整套上衣的衣长至小腿处，用红色花带镶饰在衣边，系腰带；下装穿筒裙，装饰纹样以挑花和蜡染为主，冬季裹绑腿。

从上述的服饰样式和品类来看，上装有左衽、右衽，大襟、交襟、对襟，少部分有贯首衣、坎肩、云肩；下装有百褶裙和裤装，少部分也有筒裙和飘带群。百褶裙又可分长、中、短裙，裤子有筒裤、宽脚裤等。下装中还有腰饰，如腰带、围裙、腰帕。袖子有宽袖、紧袖。腿部有绑腿、腿套、脚套。鞋有平布鞋和绣花鞋。银饰也是苗族服饰中重要的一品类，有银角、银帽、银花、银项圈、银链等。

第二节 苗族服饰之造型

多姿多彩的苗族服饰不仅是苗族人生产劳作的产物，更是代表着苗族人的精神面貌和文化生活。苗族服饰从原料到最终的成衣，都是由苗族人亲手所制，要经过纺、织、染、挑、绣、缝等工序，有着十分精湛的制作工艺，其挑中带绣，或挑绣结合，又或染中带绣，堪称"中国民族服装之最"，展示着苗族人鲜明的民族特色及文化底蕴。

一、苗族服饰上衣

苗族服饰多为上衣下裙型，也有上衣下裤型。女子上衣较为宽大，有交领对襟、斜襟、大襟、贯头式等款式。

苗族盛装服饰为节日时的穿着，其装饰精美、配饰繁多。璀璨的银饰和精美的刺绣工艺的结合显得整套服装别有韵味。

银角
银冠
银耳环
银项圈
银压领
银衣片

图 3-4　雷山长裙苗女性盛装服饰款式图

长裙苗的女子盛装为交襟型服装，其上装为大领交襟衣，两袖较为宽大，袖长较短，衣长过臀（图 3-4）。其服饰前襟比后襟略长，在左右两片前襟的襟线中点各钉一条布带，穿着时左右两前襟交叠，并将左右两前襟分别拉至另一侧，使襟线从领部斜向腰部，成为斜襟状，再将两布带在背后拴系。由于前襟被拉斜，且上衣的两侧开衩较高，因此穿在身上时，前襟的衣衩角会在腹部成为尖角向下的斜三角形。从图 3-5 中可以看出，雷山长裙苗的女性盛装领部左右交叉，袖子较为宽大，颜色为黑色或青色。装饰图案的颜色为红色和绿色，强烈的对比色搭配使整套服装的装饰感更加明显（图 3-6）。

长裙苗的女性盛装服饰上衣的胸围、腰围以及袖窿都较为宽大，上衣的肩部与袖部连接在一起，没有缝份也没有收缩的量，展开后成直线造型。在具体的制作过程中，上衣也是用一整片布来裁剪的，整个衣服缝合的地方在袖口至腋窝以及衣身侧面。

上衣结构中较为复杂的地方是上衣的衣

图 3-5 长裙苗女性盛装（正面）

图 3-6 长裙苗女性盛装（反面）

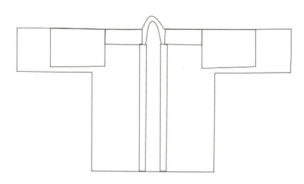

图 3-7 长裙苗的女性盛装上衣造型图

领部位，它是单独制作的，然后被缝在衣身上。将上衣衣领折叠后会在后中的位置形成一个尖角，有一个凸出的三角造型，这个突出的角在服饰结构中相当于增加了一个量，使整件平面裁剪的衣服有了一个立体的构成，当人穿上这样的衣服后也就更加舒适。图 3-7 所示为长裙苗的女性盛装的上衣造型，其结构较为简单。

从以上可以看出，长裙苗女装上衣造型较为简单，但其装饰非常多。长裙苗的女性上衣几乎通体都有装饰，且在装饰效果上选择了繁与简的结合。从服装的正面来看，服装的装饰部位突出在袖部，而衣襟却以简单的数纱绣搭配，这样不仅突出了袖部的各种刺绣纹样，也突出了胸前佩戴的银饰。其次，在整套服装的衣背处使用的银饰最多，其银饰主要为"银衣片"，但在整套服装的前半部分却没有用"银衣片"搭配，而是佩戴银饰，这样也可以做到层次分明。

贵州不仅有特色的长裙苗，还有国内外盛名的短裙苗。短裙苗是因妇女穿着长仅 15 厘米的超短裙而得其名。清《黔记》中曾记载："男子短衣，宽裤，妇人衣短，无领袖，前不护肚，后不遮腰。不穿裤，其裙只五寸许，厚而细褶聊以遮羞"。图 3-8 是贵州短裙苗的女子盛装，直领对襟上衣配百褶裙，衣领、肩、肘、袖口均有精美的刺绣，衣襟、后背缀饰银牌、银铃铛，头戴银冠，颈戴银领圈，胸饰银锁，装饰风格夸张、醒目。黔东南州雷山、丹寨、麻江和剑河等县均有穿着短裙的苗族支系，但是从服饰的保存程度、整体造型的完整度、丰富度和饱满度上来看，雷山地区的短裙苗属其中典范。雷山短裙苗族盛装主要由 8 个部分组成：上衣、肚兜、百褶裙、围腰、飘带、绑腿、鞋子和银饰（图 3-9、图 3-10）。

图 3-8 短裙苗女性盛装服饰

图 3-9 雷山短裙苗族盛装正面

图 3-10 雷山短裙苗族盛装背面

　　短裙苗的女子盛装上衣，保持我国传统服饰没有省道、平面宽衣形制，基本特征为直领对襟，且在上领部左右两边钉有带子，方便两片衣身固定，领缘部位有带状绣花呈二方连续展开；彩色绣花纹样有规律地布满在黑色底布制作的衣服前后片和袖子上，虽然色彩丰富、纹样种类繁多，却丝毫没有错乱复杂的感觉，无形中秩序井然，对称完整，使整个服装看起来有和谐、系统的美感。从结构上看短裙苗上装有两大看点：一个是被视为"大唐遗风"的后领（图 3-11），另一个就是半开放式的袖底（图 3-12）。由于领子和后片间余量的作用，导致后领中部外翻，不少人将其与具有同样特征的日本和服相比较，并且认为都是深受唐代服饰文化影响的产物。究其原因，从实用的角度来说，习惯于平面裁剪的短裙苗服装缺少计算公式的辅助，任凭一条领子上下贯通，必然会导致如此余量的产生。半开放式的袖底和袖山皆为直线直角，与现代带有弧度的衣服不一样，从袖底开衩至下摆，左右两侧均有两根细窄的织锦带固定，这样既满足身体活动所需的充裕空间，又使得前后片不会造成劳作不便。短裙苗女性盛装的上衣为两层，外层表面光鲜亮丽且有各色图案，内层为黑色，因外层布单

图 3-11 后领外倾图

图 3-12 半开放式袖底

图 3-13 上装内部解构

面织绣会造成背面有不规律的线迹，因此里层布也会起到遮瑕的作用（图 3-13）。在盛装上衣前片、袖口、领口，可按照绣娘自己的喜好设计银片、银泡。雷山地区的银衣片的体积要比其他地区的大，数量也多。

着盛装时，短裙苗女性在上衣外加穿一件缀满银饰的肚兜，分为内外两层，形状与常规肚兜无异，以一根织锦带系于颈后。肚兜底色不限，以黑色、绿色、蓝色等单色常见。绣娘也可以根据喜好在肚兜前绘制刺绣纹样，纹样以凤穿牡丹为多，是典型的女性对美满幸福生活的憧憬和寄托的代表性刺绣图案。肚兜上银饰分布规整且左右对称，普遍使用方形和直角三角形银片，圆形银泡多饰在边缘位置，肚兜下端坠铃铛（图 3-14）。

图 3-14 缀满银泡的肚兜

贵州黔西北小花苗属苗族花苗支系，主要分布在黔西北的威宁、赫章、水城、纳雍、毕节、大方等地。花背作为小花苗的服饰品类，呈现出显著区别于其他支系的独特特点。花背又称"花衣"，是小花苗人的披肩，穿着时常将花背缝合在麻布衬衣上。衬衣由两片长幅长方形麻布组成，无袖，只在侧缝缝合两针。花背的样式、纹样、色彩、工艺、结构等存在程式化的固定模式。高领、无袖、无扣为较统一样式；黄色、红色、棕色为其常用主色且装饰在固定的位置上。在工艺上采用贴布绣和挑花两种相结合的方式较多。最有特色的是花背的结构，仅由一片长方形衣领、一片三角形插片、两片大幅长方形三部分组成，衣片经过巧妙缝合，在平铺时可折叠成二维几何平面，但在穿着时却借助人体结构而产生宽袖耸领的立体效果，如图3-15所示。纵观苗族女装结构，目前各支系的服饰结构均已发展成熟，其腰身、衣领、袖子、前襟等部位较贴合人体，而小花苗的"花背"却仍延续了古朴原始的结构。花背服装的结构是小花苗服装乃至苗族分支服装中极有特色的部分。

图 3-15 试穿"花背"

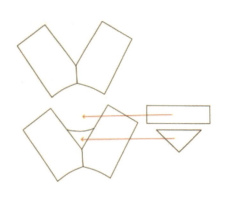

图 3-16 "花背"拼接过程简图

花背服饰制作简单，服装缝制量不多，大多没有扣子，很少有银饰，布料主要以火麻纺织而成，纹饰也以简单几何纹为主。首先，在花背服装结构上，四片结构为几何形，主体为两片长幅不经修剪的长方形衣片，如图3-16所示。创造者不加裁剪，保持布料的完整性，采用直线拼接的方式，最大限度地利用布料。减少浪费的同时扩大了可穿着的体型区间和年龄区间，增加了服装的可适用范围，这种布料利用方式在满足经济实用的同时形成了巧妙的服装结构和新颖的着装方式。另外，小花苗的经济状况也影响了花背服装的装饰，主要体现在工艺的选择上。《黔书》中描写花苗："男女折败布缉条以织衣"。花背上约60%的区域由贴布绣工艺装饰，其操作方法是以1～3厘米宽的长布条并列暗缝在底布上来形成图案。

小花苗人对布料采取"大布不割，小布不弃"的应用原则，并把小布料也利用到极致，创造了小花苗花背服饰的独一无二的造型和装饰效果。这是小花苗人应对和适应不发达的经济环境的智慧选择，表现了他们对布料的尊重与珍视及他们的精致手艺，也体现了节俭美德和积极应对的自强不息的生活态度，以及中国传统造物文化中注重面料的"完整性"（几乎不裁剪），强调"物尽其用""物善其用"的造物思想和设计智慧。

　　黔东南从江县斗里乡马安村苗族服饰也很特别。这里的妇女们上穿无领／对襟／无扣／敞胸短衣，衣襟、前后摆和衣衩处缀各色花边，衣袖用刺绣织锦及彩色布条装饰；下着及膝绿布百褶裙（节日时所有女子着清一色的绿裙），腿上套花布或亮布脚笼，脚穿布鞋。头发掺假发并盘于头顶，呈圆锥形，以插花或银簪装饰。整体服装给人以简单利落、朴素的形象（图3-17）。

图 3-17 从江县斗里乡马安苗族服饰

　　鸦雀苗，在贵州仅桐梓县有，其服饰特色是服饰色彩以黑色和白色为代表色。贵州有一种鸟叫鸦雀，它的羽毛就是黑白相间，也许鸦雀苗的族名与鸦雀有一些渊源。鸦雀苗的服饰图案全是用贴布绣绣制而成。其方法是在黑色底布上把由白色布料做成的一块块贴布，以粘贴的方式一点一点地绣上去（图3-18）。常用的纹样有十字纹、锯齿纹、水波纹、云纹、雪纹、井字纹等。头帕、百褶裙都是用白色麻布制成，上衣和围裙用青黑布做成。上穿对襟敞胸长袖衣，领后缀贴布绣背褡，衣襟、衣袖上有贴布绣花纹。下着麻布百褶裙，系贴布绣青黑布围裙，围裙边缘用绿色布条滚边。头饰绾髻，缠白头布，外扎贴布绣头带。整体形象给人稳重，秩序感。

　　黔南州平塘县大塘镇新营村的摆仗苗寨的村民是被称为喜鹊苗的苗族分支。之所以被成为喜鹊苗，是因为其女性着装酷似一只展翅飞翔的喜鹊。如果远观，其人身就仿若一只直立行走的鸟，而且还有三根细长的羽毛插在高

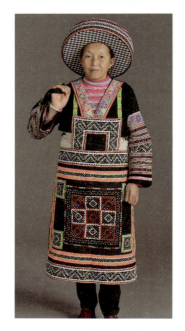

图 3-18 鸦雀苗服饰

高盘起的头发上。服饰色彩几乎只有三种颜色，即黑、白、橘红。上身着黑色对襟衣，下身着黑色百褶裙，下摆以白色缘饰点缀提亮；黑白相间色带绑腿；整体服装以橘红色为亮点，即在衣襟、袖口、腰带末端、帽子都用橘红色点亮，甚至头上的三根羽毛也以橘红色毛球来装饰，其视觉效果强烈（图3-19）。

图3-19 喜鹊苗服饰

从以上苗族服饰的案例分析中可看出，大部分支系的苗族服饰形制上比较简单，服装造型上以直线裁剪、平面化造型为特色。上衣的简单结构、直线裁剪非常符合中国古代提倡的"惜物如金""因势利导"原则，即充分认识材料的特性、保持面料的完整性、有效节约及最大限度地利用面料，极大地提高了面料的使用率，并且通过巧妙的拼接方式和着装支点的变化，打破了服装对人体的束缚，在满足服装的功能性与舒适度的同时，为服装造型留下了巨大的设计空间。

二、苗族服饰下衣

苗族服饰，无论是服装造型还是装饰都是非常丰富多样的。在我国黔东南地区有着几百年穿着超短裙的历史。其裙子短的程度让生活在大城市、接受现代文化的人也瞠目结舌，因为裙子的长度仅有15厘米，仅能遮住隐私部位。依山而居的短裙苗世世代代聚居在偏僻的山区，具有现代开放文化标志的超短裙在这样闭塞的环境中生根发芽，保守的时代、文化背景下产生具有现代化特征的产物，使苗族服饰又增添了一份神秘感。雷山、榕江、丹寨都有短裙苗，他们虽然相邻，但短裙苗服饰却大不相同。其中雷山县大塘镇新桥村享有"中国短裙第一村"的美誉，其服饰从纺纱制线到染布、制衣均是由勤劳的劳动妇女一手打造，佩戴上精美华丽的银饰，对整体造型要求极高，因此雷山县大塘以其独树一帜的服饰形象被冠以"大塘型"。

制作服饰就地取材，是苗民生活一大特点。蚩尤被认为是苗族的远祖，在数千年前战败给炎黄两帝后带领苗族人由黄河中下游历经几次迁徙至西南部地区。在这过程中队伍分散在各处，苗民不得不选择环境比较恶劣、无与纷争的与世隔绝的山区生活。在这样相对封闭的偏远山区生活中，人们以自给自足的种植农业为主，身体力行地劳作换来日常生活用品。平日，心灵手巧的苗族妇女操持家务，闲暇时间全部用来纺纱、织布、刺绣等，制作过程中所需要的棉、丝及印染等材料都是由当地人自己动手种植或饲养的。关于短裙的起源，从苗族人们以生活用品就地取材的习惯和豆豉本身所具备的自然属性等方面为考量看，诸多传说和故事中的"豆豉叶做裙"说还是最具说服力。

豆豉是我国贵州地区常见的食物，也是短裙苗族居住地常见植物。雷山县大塘、桃江等地自古就有种植和使用芭蕉和豆豉的习惯，在苗民的房前屋后普遍看到种植的豆豉，且可作为食物配料食用。在黔东南地区，逢年过节时苗民喜欢带用豆豉叶子包住的糯米粑走亲访友。这样一株植物的果实可以用作食物原料，其叶子也不被浪费而用于包装食物的容器。豆豉叶子长 8～15 厘米，宽 5～7 厘米，呈椭圆形且下端较尖；芭蕉叶最长能达到 3 米左右。这两组叶子的数据刚好符合以豆豉叶做短裙的起源说。以地区为单位选择适合的植物，长裙苗的原型来自长芭蕉叶，短裙的雏形为豆豉叶，这种说法比其他神话传说更具说服力。关于短裙起源的说法，还有一个版本，即"……超短裙的褶皱神似芭蕉叶脉纹叶面，天然无花纹图案修饰……"[1]，这肯定了以植物做裙子这一说法。但比起以芭蕉叶作短裙的素材，从短裙的实际尺寸和"既得"的程度来看，以豆豉叶子做裙子的由来说更切合实际。

超短裙是短裙苗得名的关键。裙子的制作，从最初的纺纱织布、上浆到打褶皱，都是由妇女们一手操作。短裙苗妇女穿着的短裙的裙长约 15 厘米、腰围约 150 厘米，裙身用周长约 6 米的青布折叠而成（上半截折两叠，下半截折三叠），也称"百褶裙"（图 3-20），其有 330 折和 570 折的大小区分，并绕堆在腰上，短裙苗语为"堆"[2]。百褶裙的制作过程需要倾注大量的时间和精力，需反复上浆数次，用手指按压褶皱后面料硬挺、有型，在整个过程中裙子都围绕在柱状的圆桶上，最终裙子的平面图也成圆形（图 3-21）。

短裙苗百褶裙的穿着方式是最有特色的。不同于人们生活中单衣单裙的概念，短裙苗在盛大节日和庆典时要穿着数条裙子，最多可以达到 30 余条（图 3-22）。这样的穿着习惯的形成，与短裙苗人在生活环境中形成的价值观息息相关。生活在恶劣的贫苦环境中，捉襟见肘的生活让人对富裕生活心生向往，因此多层裙子对于当地人来说，一方面是生活富裕的象征，另一方面代表着家里的女人勤劳能干，善于做衣刺绣，认为它是展示姑娘们手艺的绝好机会。这样的服饰穿着方式再次印证了服饰具有象征性的理论。服装脱离了它原有的物质性而具有了象征意义。

图 3-20 超短裙

　　[1]　王川虎. 苗岭深处的短裙苗. 旅游 [J]. 2004(03)：53.

　　[2]　姜宏芳，李定芳，文鹏飞. 苗族妇女穿"短裙"的传说——兼谈"锦鸡舞"的来历 [A]. 雷山苗族服饰 [M]. 昆明：云南民族出版社，2012:126

图 3-21 百褶裙制作图

图 3-22 超短百褶裙叠穿图

苗族百褶裙除了超短裙以外，还有中、长裙。中裙长至膝下，长裙长及脚背。百褶裙由裙腰和裙面组成，有蜡染、蓝靛、亮布等工艺。有的苗族支系的百褶裙，还采用多个工艺相结合，比如刺绣、拼贴等。图 3-23、图 3-24 为贵州黄平苗族紫色百褶裙，用料长达 16 ～ 25 米，裙摆上绣有红、黄、黑横条图案，裙角处相错拼接以红黑色为主的不同图案的布片，显得古朴。百褶裙在展开时为一整片带褶的布，在穿着时以前身为中心向后面包裹，人体侧中是两个裙片相重合的位置，重叠部分为 15 ～ 20 厘米，多是后片包裹住前片。百褶裙上的褶是在制作过程中用手工一个褶一个褶地捏成的。百褶的制作工艺也是苗族女性智慧的结晶。

图 3-23 黄平苗族百褶裙

图 3-24 黄平苗族百褶裙（局部细节）

有些支系苗族的百褶裙只用靛蓝布制作。如图 3-25 为贵州丹寨雅灰苗族的靛蓝百褶裙，给人以古朴清纯的感觉，可以百搭穿；图 3-26 为贵州花溪苗族的蜡染百褶裙，横条蓝白相间，给人素雅、现代的感觉。苗族的百褶裙工艺多种多样，如有蜡染、刺绣相结合的，并在色彩上巧妙地运用多种颜色，形成一道美丽的风景。如图 3-27 为遵义桐梓苗族的蜡染挑花百褶裙，裙头一般为未染色白布，裙身为蜡染靛蓝色，裙摆为鲜红色，间隔有几行别致的挑花图案和蜡染图案，清新、悦目。蓝白的蜡染搭配红色下摆的百褶裙，色彩艳丽，艳而不俗。这一支系苗族的百褶裙下摆，必须是红色且多为鲜红，红得灿烂、喜气洋洋，给人活泼喜庆的感觉，其魅力无穷。

着于百褶裙外层的飘带裙是长裙苗女性盛装的一大特色。飘带裙是由 20 多条宽约 8 厘

图 3-25 贵州丹寨雅灰苗族的靛蓝百褶裙

图 3-26 贵州花溪苗族的蜡染百褶裙

图 3-27 遵义红头苗的百褶裙

米、长约 95 厘米的飘带制作而成，在制作时分节段单根绣制，常见的飘带裙有五段和三段。飘带裙的节数不同给人带来的装饰感也会有所区别，节数越多，装饰越丰富。飘带裙只有一片布，穿着时直接将其围在身上，以人体前中心为中点，在身后打结即可。飘带裙的主要装饰为刺绣，刺绣工艺多为平绣和贴花绣，纹样有花、鸟、鱼、虫、蛙、龙、凤等图案，其中飘带裙底部纹样多为牵牛花、向日葵花、辣椒花等植物图案，中间的纹样为各种鱼虫飞鸟等动物图案，上端纹样为火焰花。飘带裙不仅装饰图案精美，更有丰富的文化内涵。飘带裙上的 24 条飘带象征着二十四节气，飘带裙上的五节段图案是先民的聚居地与横渡的五条大江大河印迹，分别为黄河（苗语"欧纺"，即黄水河）、淮河（苗语"欧赂"，即挥水河）、长江（苗语"欧夯"，即深水河）、赣江（苗语"欧赣"，即鸭群河）与湘江（苗语"欧香"，即稻香河）[1]。如图 3-28 所示为长裙苗女性飘带裙，裙子共有 5 节 ，每一节的图案都不相同，整条裙子色彩鲜艳却又非常协调。 图 3-29 为长裙苗女性盛装飘带裙结构图。

　　将飘带裙穿在身上时，飘带会随人体的动作而飘动，搭配上精美的图案，使苗家姑娘看起来楚楚动人。在西江地区，飘带裙也多为姑娘穿着，中老年人不穿。中老年妇女的盛装下装为一条深色的围腰，围腰上有彩色的刺绣图案，整套服装较年轻人的而言，其色彩更深沉，也显得更加稳重。

　　多彩的飘带对苗族来说用处很多。短裙苗节日庆典时，有一个节目是必不可少的，就是

---

[1]　贵州省雷山县委员会. 雷山苗族服饰 [M]. 昆明：云南民族出版社，2012.

图 3-28 长裙苗女性飘带裙

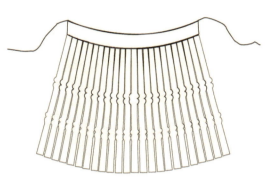

图 3-29 长裙苗女性盛装飘带裙结构图

图 3-30 短裙苗女性飘带裙

锦鸡舞配芦笙。为了完美地演绎这个舞蹈，妇女们在裙子后面缝制数条彩带（21 或 23 条），底端坠有彩色流苏和珠片装饰，形成半包围的"飘带裙"（图 3-30）。这种半包围的织锦飘带裙在苗语中叫"拉跺"，长约 1 米、宽约 8 厘米，通常还会在裙腰外系一条宽约 10 厘米的腰带，垂坠于腰后。女子穿着此裙，伴随芦笙乐翩翩起舞，其肢体模仿锦鸡的姿态，十分生动。因此也有人称他们为"锦鸡苗"。

围腰是苗族女性盛装的重要组成部分，也是盛装中工艺最精湛、纹样组合最多、装饰最精致的部分。通过围腰不仅可以判断主人的女工，评判女子是否勤劳贤惠、持家有方等，还可以通过围腰来彰显服饰的华丽与隆重，增加服饰的美感以及节日的喜庆与隆重感。

按照穿戴方式围腰分为系脖式和系腰式。系脖式围腰是在脖颈处系带以固定，防止围腰脱落。围腰分为上下两个相连的部分，上面贴合人体，两边是弧形，符合人体工程学的原则，下面是长方形。颈部用带子固定，挂脖带子有细绳款和挑花带款，但较常用的是细绳带款。腰部用 5～7 厘米宽的带子作腰带，带子尾端往往有单独的装饰。系脖式围腰的绣花装饰分为上端弧形绣块、下端外围长方形、内围长方形、中心绣块四部分，中心绣块的图案和色彩影响全身的纹饰搭配，可以说雅俗共赏的服装整体效果主要是围腰带动的。装饰图案多以层层铺陈，于变化中追求对称与统一，具有和谐及整齐划一的形式美感。

遵义桐梓红头苗女子系的是系脖式围腰（图3-31）。其围腰的制作从选布料、构图布局、花线色泽、挑花做工都很讲究。因为围腰系在百褶裙外边，是脸面，也是红头苗女子挑花技艺的展示。布料要选纱纹致密、牢实耐磨的面料。颜色大多为深色，普遍为黑色和藏青色。在深色底布上挑出各种红色的花，有一种鲜活的感觉，就像从黑土地里长出红花来似的。围腰的构图，一般是中央一个大图案，周围用多重挑花镶边。这是整套衣饰的"主题"，其他衣饰上的花样、图案、色泽都必须与此"主题"协调，这样才能有好的整体效果。色泽以红色为主，大红、玫红、粉红、深红等不同红色与其他色线有机配搭挑花，协调而不杂、艳丽而不俗。围腰的构图和挑花，因人因材而异，很少雷同。从一条围腰的构图与工艺中往往能感受到手艺人的年龄、文化素养和气质。围腰图案复杂，做工精致，苗族女子往往要花费3至5年时间才能做成一条上品围腰，所以桐梓红头苗的围腰很是珍贵。

系腰式围腰是在腰间以系带固定，通常系在百褶裙之外，呈长方形，上端缝缀织锦腰带，穿着时长过百褶裙。按照面料可以分为亮布围腰和彩色绸缎围腰，两者的形制存在差别（图3-32、图3-33）。绸缎围腰中间为整幅的织锦面料，面料两侧再刺绣各种动植物图案；亮布围腰采用的是苗族人民自织自染的土布。

图3-31 遵义红苗围腰

图3-32 剑河苗族锡绣围腰

图3-33 黔东南施洞苗族围腰

当下诸多学者比较认同围腰（围裙）的雏形是古代的蔽膝。其不仅是帝王地位与权势的象征，也是以遮羞避寒的功用被广泛用于民间，"贵贱亦各有殊"[1]。《汉代服饰参考资料》中绘制的"妇女服装图"和"庶民服装图"中都有蔽膝，其图解到：庶民"操作时，穿蔽膝，蔽膝今日之围裙"，"妇女常服，多着蔽膝"[2]。

　　一方面，围腰具有族群标识功能，是苗族服饰的代表性符号。外部形象上的统一，曾是体现人类部族或集群凝聚力的一种普遍形式，而崇拜物或其他统一的符号便是形式的具体体现。久而久之，符号统一了族群的集体意识，符号成为识别亲疏远近的标志[3]。围腰作为外在的物质形式，素雅有致、色彩清丽、刺绣手法和装饰工艺独特等，与其他支系明显地区分开来，成了族群的代表性符号。围腰也是苗族女性连接集体与个人的双向纽带，它塑造了群体的集体意识，也使个人得到归属感与安全感，特别是在节日盛会中搭配围腰的盛装会显得更加有仪式感和集体感。

　　另一方面，围腰具有礼仪功能，是苗族女性在节日和婚恋时必穿的代表性服饰。同样的上衣下裙搭配，如果没有围腰就会被认为是日常装（图3-34），但当系上围腰之后便被认为是盛装（图3-35）。在当地苗人心中没有围腰的盛装是不完整的，不足以体现服饰的整体美，也不能表现出女性雍容华贵的姿态。盛装是参加苗年等盛会的礼仪性服饰，若盛装中没有围腰则是不能参加踩歌堂等活动，因为不系围腰的女子会被人认为懒惰、邋遢、不成体统、不遵循民族传统等。

　　此外，围腰的实用功能向装饰功能的转变。最初，围腰发挥着防寒保暖以及防止外套脏乱的实用功能。围腰可以防止围腰下的衣物被染脏，因为女性参加完盛会之后往往不清洗盛装，在寒冷季节又可以保护女性腰部和腿部。根据马斯洛需求层次理论，当最低层次的生理需求得到满足之后，情感和归属以及尊重的需求越发显得重要。女性渴望参加苗年等盛会，并希望在盛会中载歌载舞、大放异彩，这一需求可以通

图 3-34 日常装

图 3-35 盛装

　　[1]　隋书（卷十一）·礼仪六 . [M]. 北京：中华书局，1973.

　　[2]　李运益 . "鞸、韨、韐"是不是蔽膝（围裙）？——对古代名物字考释的探讨 [J]. 西南师范大学学报（人文社科版），1978(4)：102-103.

　　[3]　吕胜中 . 再见传统 [M]. 北京：三联书店，2003.

图 3-36 围腰前片图

图 3-37 围腰后片图

图 3-38 飘带裙

过盛装来实现。围腰作为盛装中最重要的组成部分，因装饰面积最大且引人瞩目，往往会受到他人的关注与评价，如图案精美、做工精湛的围腰往往会受到好评，围腰的主人也会因此而受到他人的尊重并获得心灵手巧、勤劳能干的美誉。因此，将围腰制作得工整、华丽，是每一位苗族女性的追求。至此，围腰的功能已经不单单是实用，而更是偏向于外在审美的装饰功能。

在苗族围腰中比较有趣的是短裙苗族的前后两片不同长度的围腰。此围腰被穿在超短百褶裙外，长至膝盖上 10 厘米左右。由于早期穿短裙时在里面不穿内裤和长裤打底，所以围腰除了美观装饰外也起到了一定的遮盖作用。前后两片围腰的长度差在 10 厘米左右（前片长为 35 厘米，后片长为 45 厘米）。盛装围腰和百褶短裙在穿着时有着相似之处，都为叠加穿着，多时能达到 8～9 层。方形织锦或刺绣围腰边缘用彩线装饰并锁边，多为红、绿、白色，前片下部有宽约 20 厘米的连续绣花纹样，多为破线绣和十字挑花（图 3-36）。由于后片在人体进行坐、趟、靠等动作时会与周围物品发生摩擦，易磨损，所以后片由织锦、棉、麻布代替绣花布（图 3-37）。短裙苗族的后围腰的左右腰两侧有三角形缺口，而且缺口下的裙身上有彩色刺绣三角形，给人以折角的错觉。

苗族腰饰种类繁多。贵州遵义桐梓、习水、绥阳等地苗族穿盛装时，不仅前面系围腰，后面也有华丽的腰饰。其穿着顺序为先穿上衣、百褶裙后，后腰上系飘带裙（图 3-38），然后前面再系围腰，最后后腰上再系腰帕（图 3-39）。腰帕有长方形的和三角形的，但即便是长方形的，在纹样上也要特意呈现三角形挑花绣，并在三角形纹样处坠有彩色的流苏和珠片，所以看起来就像系了方形腰饰和三角形腰

图 3-39　三角形腰帕

图 3-40　长方形腰帕

帕两条腰饰（图3-40）。在方形腰帕上同样坠有彩色的流苏和珠片装饰，与红色刺绣相映衬，后背整体形象呈喜庆、爽朗的感觉。腰帕的布料为单纱白麻布，质地薄。制作时，先在布上描出构图，以素描似的挑花手法挑出图案花样，边缘用色线锁边。腰帕的构图简洁、大方，线条式挑花朴实、清新，色线以红色为主，常配以黑色和浅蓝色，显得格外素雅。最初的腰帕是正方形对折系扎，后来为了便利就变成视觉上有两片的长方形或直接用三角形单片系扎。

"飘带裙"是系在后腰的挑花彩带，10厘米左右宽，长度59～60厘米，一般与围裙一致。其色彩鲜艳、纹样精美，且分几节挑花，每节长10厘米左右，但也有连体花饰。有些爱美的姑娘们在"飘带裙"下边也缀彩色的流苏和珠片装饰。女子穿着此裙，伴随芦笙乐翩翩起舞或走路时，显得轻盈、动感十足。

一直以来，大部分苗族人都居住在山区。聪明的苗族人很早就用绑腿的方式来保护腿部。绑腿能够帮助苗民增强腿力，又能防护毒虫、毒菌的侵袭。早时，苗族女子在短裙内不着内裤打底，仅打绑腿，由脚部向上缠至大腿根部。一是山区冬日阴潮寒冷，打绑腿可防潮御寒，起到长裤的作用；二是四分之三以上的腿部面积裸露在外，女性着绑腿也起到一定的遮盖作用；再者，夏日草木丛生，蚊虫叮咬严重，而绑腿织物中的植物染料有驱虫功效。大部分支系苗族绑腿上绣有花鸟图案等，或条形花絮、或碎花点缀。图3-41、图3-42所示为用蜡染麻布做的绑腿，显得自然、实用。

图 3-41　红苗绑腿

图 3-42　短裙苗绑腿

三、苗族头饰

头饰作为一种综合性的民俗文化事象，既是服饰的一种，又是一种特殊的人体装饰艺术，在民族服饰中占有相当重要的地位。纵观中国民族之饰，有一个值得注意的现象就是"重头轻脚"。几乎每一个民族的人们都要按照其社会规范、民族习惯、审美情趣、价值取向，去选择生存环境中的自然之物来装扮和修饰自己的头面。有的民族由于分布地区的不同，其妇女发式的差别竟多达一百多种，远远超过了一套衣衫的价值。头饰是构成妇女服饰的重要组成部分，也往往是一个民族区别于其他民族的标志之一。这表现出了头饰之多样、丰富及贵重。

头饰的起源与人类的自我生存与保护以及生活实践息息相关，既有来自御寒、遮羞、装饰、劳动的因素，也有来自模仿与混同的诱因，有着多种多样的功用和目的。这从另一个侧面折射出人类生产关系和社会生活变革的历史情形。每一种头饰观念及其穿戴行为的发生，都是天地万物激发人的创造力和想象力在头饰艺术上的具体体现。如，动物头饰（以动物的尾、皮、骨、角为饰）等头面装饰行为所呈现出来的造型与用色，都是人类模仿自然万物形态的结果和人类认知水平的必然产物，是动物图腾的模仿或群体意识的象征。因此，在我国古代史籍中就出现了许多以民族服饰特别是头饰为其特征的民族称谓。

苗族众多支系的头饰艺术丰富多彩、千姿百态。从"独角苗""花苗""青苗""白苗"等与民族头饰息息相关的民族称谓中便可窥见一斑。《苗族风俗图说》记载："'高坡苗'又名'顶板苗'，在平越、黔西等属，……妇女以木绾发内，即名顶板苗也。"又张潜华记广西苗族妇女，"有的衣色艳丽，裙长抵足，皆无纽扣，以带结束，挽髻呈正方形，蒙上一层绣花的手帕，谓之'花苗'。有的衣裙全部青色，周镶刺绣花边，结髻头巅，四周薙发，头裹青帕，谓之'青苗'。有的蓝布为衣，白布为裙，领帽皆白，谓之'白苗'"。又滇池附近的苗族自称"大花苗"，外族称他们为"独角苗"，因为大花苗妇女的发髻十分特别——黑发在前额附近被盘成一个很大的尖角，形如犀角。贵州六盘水市六枝特区中寨区的苗族，头部挽髻，头髻较大，在头顶正中偏右后角，再将发辫编好后盘结成一螺旋状，然后用一块青布蒙住头顶部，青布蒙髻处形成螺旋状，远处望去似喇叭状，故称其为"喇叭苗"。又贵州关岭县、紫云县一带的"歪梳苗"，因妇女在绾髻发梢的地方（一般在盘髻偏侧）插一把木梳而得名。这些与头饰相关的民族称谓，对于研究民族的族源、民族的服饰特点及民族历史与文化有着不可或缺的作用。

苗族是一个善于用"银"的民族，历史中流传有关于苗族先民运金运银、打柱撑天、铸日造月的传说。银作为贵金属，被打造成银圆流通进入苗族社会，被加工成银饰，将苗族男女储存财富、装饰美化的功能合二为一。苗族银饰品类极为丰富、造型新颖、做工精巧，在我国少数民族银质饰品中堪称精品。其中，仅头饰中的银饰就有银梳、银绳、银羽、银角、银飘头排、银发簪、银插针、银顶花、银网链、银花梳、银钗、银扇、银雀、银铃、银泡、包头银片、银头围、银龙头、银发针、银丝龙、银帽、银凤冠、银鸟、银牌、银喇叭、银菱角、银片、银头针、银帕、银头花等几十种，且各种又可具体分为多种类型。银角有西江型、施洞型、排调型等，银插针有叶形银插针、挖耳银插针、方柱形银插针、钱纹镶珠银插针、几何纹银插针、寿字银插针、六方珠丁银插针等十数种类型。

下面详细介绍一些代表性的苗族头饰。

1. 银角

银角是苗族女性头饰中最具有代表性的饰品，是将银片加工成牛角的形状，两角呈半圆形，两角之间有类似扇形一样银片，银角呈浮雕状。往往在银角中央有太阳纹和团状花纹作为主图装饰，而银角的两端有龙纹、牛纹、花纹等动植物图案与中间的主图相互簇拥，形成一个完整的构图。西江地区苗家人还会在银角的两端装上白色的羽毛，由于银角很高，在银角两端再装饰上白色的羽毛，人体行走时，羽毛会随风飘逸，显得别具一格。如图3-43所示为苗女盛装头饰中佩戴的银角，在两个银角中间的扇形部分的装饰图案为二龙戏珠，形态逼真，工艺精湛。图3-44为也蒙地区的银角造型，呈"山"字形。

图 3-43 扇形银角　　　　　　　　　　图 3-44 山形银角

2. 银冠（银帽）

银冠是直接戴在头上的银帽。银冠的装饰较为繁复，通常可分为三层：上层有成百株银花；中间有象征图腾的鹡宇鸟装饰纹，左右两边为蝴蝶纹与花纹，形态逼真；下层装有16片银脚和100多个装饰吊坠，给人以满头珠翠、雍容华贵的印象。如图3-45和3-46所示为苗族女性盛装头饰中的银冠，在佩戴时先将银角插在银冠上，然后再将银冠佩戴在头上，银冠和银角一起被佩戴在头部会显得格外的雍容华贵。

图 3-45 银冠（1）

在盛装头饰中银冠是必不可少的。穿着者根据喜好在银冠的前、后、左、右、上方添加银雀发簪、大银角或银质发簪，其以游龙戏凤、麒麟送子等主题屡见不鲜，繁复奢华、生动鲜活（图3-47）。银角的佩戴也被认为是对苗族族源崇拜意识的物化表现，因为苗族先祖蚩尤在古书中被描绘为脸侧鬓发如剑戟一样锋利，头上有角，所以模仿这种造型的苗族饰品便应运而生，其代表对苗族英雄的缅怀和崇拜。但是由于人体在活动时锋利的金属容易引起对皮肤的划伤，所以银冠这样的大件物品在佩戴前会先在

图 3-46 银冠（2）

图 3-47 头饰

头上缠头帕，避免直接接触身体，再将冠饰罩于其外。

在节日时，贵州施洞的苗族女穿刺绣精细的盛装，戴银角、银冠，此外还戴银花簪、银项圈、银项链、银压领、银耳柱和各式银镯若干对，全身上下的银饰重近十多公斤，堪称银衣盛饰（图3-48）。

3. 银发簪

银发簪是在发髻上插的银雀、银花、银蝴蝶等银饰，是苗族女性盛装头饰中必不可少的配件，也是造型最为丰富的头饰。银发簪的造型有方形、

图 3-48 银衣盛饰

图 3-49 银发簪（1）

圆锥形、花朵，有直的、弯曲的，其大小、长短都不一样，造型千姿百态。装饰图案以花、鸟、龙、蝴蝶为主。如图 3-49 所示为乳钉状的银发簪。在苗族女性配饰的纹样中可以见到很多乳钉纹样，它是一种生殖崇拜的体现，形状似女性的乳房，用其装饰来表示对种族繁衍的期望及对母亲的崇拜。图 3-50 所示为造型较为丰富的银发簪，装饰的纹样以凤凰纹为主，由银花、银鸟、银牌、银喇叭、银菱角、银片组合而成，整个银簪给人以璀璨夺目的感觉。

4. 银梳

苗族的梳饰颇具特色，其材质有木质的、竹质的、银质的。其中，银梳是苗族妇女的发式必备品，既可以用来梳发，又可以用来做装饰品。在头饰上佩戴银梳也是苗族女性装扮的

图 3-50 银发簪（2）

图 3-51 银梳（1）

图 3-52 银梳（2）

一大特色。不管是盛装还是日常装，苗族女性都喜戴银梳。通常银梳的宽约 12 厘米，造型为月牙形，内部为木梳、外包一层凸花银片，两端各系一根银链。银梳的装饰部位集中在梳背上，装饰图案有花、鸟、蝴蝶、龙、凤、鱼等。如图 3-51 和图 3-52 所示为苗族女性盛装头饰中的银梳造型，图 3-51 的银梳背部的装饰为乳钉状，图 3-52 的银梳背部的装饰为簪花，两种不同的装饰会给人带来不同的感觉，在佩戴时都是先将头发盘起来，再将其插在头发上，由于银梳较为厚重，所以在其两边设计有两条银链，将银链固定在头发上，可以保持造型，也可以防止银梳丢失。

5. 长角木梳

在贵州省六盘水六枝特区海拔 2000 米的深山中，生活着一支古老而神秘的苗族分支——长角苗族，自称"蒙茸"。主要分布在梭戛乡的 12 个村寨中，现仅有 4000 余人。长角苗至今仍相当完整地保存和延续着一种古老的、以长角头饰为象征的独特苗族文化传统。其独特之处在于妇女头顶上戴有形似长角的大木梳，两角高于头顶两侧，角上绕有 2～4 公斤重的头发。这些巨大发髻都是用一支长角木梳和亡故祖先的头发再加上黑麻毛线盘成的（图3-53）。妇女们将这些长长的头发往那对木角上左缠右绕，盘于头上，再用白布带固定。据说发髻盘得越大则越美。如今这巨大的发髻只在盛装时方"登场"，平日里女人们头上都挂着雪白的大木角。以前男女均戴"长角"，后由于受到生活环境和外来环境的影响，现只有妇女仍守着这一古老的装束。

在苗族，用假发帮衬并编梳出奇特发式的不止六枝特区的苗族。

图 3-53 "长角"木梳

贵州省毕节市的苗族妇女头戴一个长达50厘米的牛角形大木梳，先用本人头发将木梳固定于头顶，再在木梳上缠以棕褐色羊绒线或假发，制成一个长一尺余的大发髻，这个地区的苗族妇女因此被称作"木梳苗"；而毕节市燕子口妇女的假发式样又与前者不同，而是集发于前顶，掺黑毛线，从左至右绕头一圈，然后于额上束一绺红毛线。分布在贵州六冲河南岸的"小花苗"妇女的头饰也掺假发，生育前掺假发，或以红、黄色毛线缠成包头式，生育后则挽髻于顶。贵州龙里苗族妇女的发式形状犹如一个海螺。云南金平县苗族妇女也掺假发，自左向右盘绕，并在额上缠一束红线，发型犹如一顶红线帽。贵州江龙地区苗族妇女的发型也十分独特。妇女们将一根两端各扎半截木梳的竹片，一端固定于头顶，另一端则悬在右方，然后将长发分三股分别绕在竹片上，发型蓬松，呈长角形，别出心裁。可见，苗族妇女们借木梳和假发，加上银饰，编梳出千姿百态的发型，有些像牛角，有些像尖尖的山峰，有些像盛开的花朵，奇妙无比。

6. 头帕（巾）

除了琳琅满目的银饰以外，头饰中还有染织挑绣饰。以不同式样的巾帕、帽子等物为载体，以红、绿、黄、蓝、紫、白、黑等不同色调为主色，以人形纹、兽形纹、水纹、方格纹、三角形、四方形、长方形、菱形、齿形、米字形、十字形、万字形、元字形、蜘蛛蝴蝶状、云水日月、梅兰竹菊、花卉果木、虫鱼鸟兽等纹样和图案为题材，惟妙惟肖、栩栩如生地呈现了五彩缤纷的头饰。可以说，头饰物中的染织挑绣饰品是人类心智艺术品最大众化的表现形式之一。

据《中国苗族服饰文化》的作者龙光茂考证，苗族的头帕或头巾就有数十种，其中黔东南型有圆盘帕、圆筒帕、平顶帕、红头帕、斗笠帕、塔形帕、交叉帕、翻滚帕等十多种形式[1]。位于贵州省榕江县两汪乡的空申苗寨，不仅以苗族妇女的超短裙服饰而著名，而且用头帕包头也别有一番特色。如图3-54所示，当地苗族用自制的方形青云布做成"人"字形包头，后颈部自然下垂另一端青云布，一根丝织彩带围绕头部拴住包头布，形成尖顶帽子装，依稀能看到以树皮做帽的古时遗迹。方形青云布边缘用红蓝两色交叉包边装饰，在头部左侧彩带尾端有红粉等多个颜色的羽毛状装饰。

苗族头帕多以青色、蓝色或白色为基本色调的布料做成，但各地苗族在不同季节包裹头帕、头巾的方式以及头帕与其他头部饰物所形成的头饰式样都不尽相同。如贵州镇宁苗族的头帕装束中，虽然旧场、

图 3-54 榕江空申苗族头饰

[1] 龙光茂. 中国苗族服饰文化 [M]. 北京：外文出版社，1994.

偏坡一带和锁头坝一带均以青色帕子裹头，但帕子的长和宽以及帕子外层佩戴的各色花帕均不一样。湘西苗族妇女的青蓝色或黑色大包头呈盆状，里面可以盛放针线、花边以及集市上购买的什物，像个聚宝盆。贵州普定地区的苗族妇女将包头布缠成一个6厘米厚的大圆盘，外围一条缀穗须的花带；同在贵州惠水地区的苗族妇女，包头虽然也呈圆盘状，但用红、蓝、白、黑等长条布帕缠成，帕端外露，如振飞之蝶翅，又与普定苗大同小异；清水江地区的苗族妇女则喜用黑布包头，似一个大海螺斜置于头顶，越缠越小，其形状非常奇特。云南华宁通红甸一带的"大头苗"妇女，喜欢把头发与几根红、黑头绳相绞，边绞边盘，在头顶形成圆圈，犹如戴一圆箍，再用5块花色头帕折成6厘米宽左右，然后开始紧密地向外一圈圈地缠绕，最后缠成一个比双肩宽、直径达50厘米以上的头帕圆盘。要缠成一个头帕盘，每条头帕不下数丈，五条一共长达十数丈至数十丈。吉伢地区苗族妇女的包头又与前几者不同，形似高帽。可看出，同一苗族，由于居住地域的不同，其包头式样也大不相同。

在苗族盛装中常见的头帕有银围帕。银围帕是将散件银饰固定在头帕上，制作时将20多个涡纹银饰分为上下两列对称地钉在约20厘米宽的红布上，形似蝴蝶，银围帕中间还装饰有约6片錾刻鱼龙花果纹的长方形银片。如图3-55所示为在西江地区拍摄的银围帕造型，从图中可以看出银围帕上的涡纹既像水纹，又像蝴蝶纹，这充分地体现了苗家人对于大自然的喜爱，以及对于民族图腾的崇拜。

图 3-55 银围帕

图 3-56 三角头巾图

头饰又与年龄有密切关系。中老年女性穿着盛装时佩戴的头饰有方头巾和三角头巾。三角巾是由一块长60～65厘米、宽38厘米的青色棉布对角正反折叠而成，在头巾的上端固定一条宽4厘米左右的折叠带，佩戴时根据头围的大小把三角头巾的两端对称连接起来就可以围在头上，三角头巾内还会缝一块较薄的垫布，可随时取下来清洗。如图3-56所示为长裙苗族中年妇女佩戴的三角头巾，佩戴时先把头发盘起来后，戴在银梳的下方。图3-57为长方形黔东南头帕。多为年长女子的头饰，一块长方形彩色条纹

图 3-57 长方型头帕

布帕绕头围包裹一圈，头发上插上银簪和木梳。

7. 帽子

苗族的帽子形形色色、多姿多彩。红头苗族的帽子鲜红艳丽，是桐梓红头苗的标志。它是用山蚕丝带缠盘成圆盘大帽状，外套漂亮的红花布，在 3～4 厘米宽的帽檐上镶着一条精美的挑花花带。其构图一般是几排二方连续的不同的挑花小花，挑花手法细腻，挑出的花带具浮雕感，图案多样、精美。帽檐饰有珠帘，珠帘上多有花草图案。宽大的帽檐能起到遮阳的功能，珠帘随头而动，闪烁发光（图 3-58）。

图 3-58 黔北红苗头饰

贵州黔西南州兴义市贞丰县的苗族，是众多苗族支系中独特的一支，有着别具一格的民族服饰，即每个苗族姑娘的头上都戴着一顶墨绿色的帽子（图 3-59）。贞丰苗族女式盛装一般下装为百褶裙，上装为缀满银片、银泡、银花的大领胸前交叉式"乌摆"或精镶花边的右衽上衣，外罩缎质绣花或挑花围裙，整体色彩斑斓，非常喜庆。贞丰苗族女性的服饰中最有特色的还是她们的头部，头包帕分为两层，外层是墨绿色的土布，带有洒须，最初为紫黑色，慢慢演变成现在的墨绿色。内层为对三角形展开的艳丽绣花布，中间和边缘都镶有银泡花。

图 3-59 兴义贞丰苗族头饰　　　　图 3-60 圆筒银帽

按照传统的习俗，头包帕是非常讲究的，并且需要一定的技巧，要用头帕把头发包紧且一丝不露，往往需要花很长的时间。随着时代的变化，现在的头包帕已经慢慢演变成了帽子，直接带上会方便很多。图3-60是银帽，在圆筒状帽子上缝定银泡和银花，边缘处刺绣装饰，盘发髻插银簪。除了头包帕，耳环也发生了很大的变化，以前纷繁复杂的大耳环已经不再带到耳朵上，而是挂在了头包帕的内侧。因为银质的大耳环比较重，会把耳洞越拉越大，现在年轻的姑娘们都不太喜欢，所以就有了现在的改变，可以让姑娘们更轻松地展现美。

头饰作为民族服饰的重要组成部分，它不仅是民族历史与文化意识的载体，还具有多种多样的功能。琳琅满目的苗族头饰以精湛的工艺和丰富的装饰艺术，表达了独特的民族个性，显示了超强的创造力。苗族头饰从色彩到纹样、从内容到形式、从一般到独特造型，都反映着苗族人的共同审美观、价值观以及文化意识，折射出苗族文化结构中最深层次的心理积淀。

四、其他配饰

苗族配饰的佩戴方式和选用皆以场合和整体造型来定。根据人体的佩戴部位，除头饰外，其他配饰主要分为耳饰、颈饰、胸饰、手饰、腰饰以及衣饰（银衣片）等。从很大程度上来讲，配饰赋予了苗族女性整体造型以华丽、灵动的个性，同时拉开了由不同服饰质地组成的层次。

1. 耳饰

我国很多民族的耳饰种类大致有耳环、耳塞、耳柱、耳鼓、耳坠、耳珠、耳串等多种。耳环是耳饰之重要一种。一般耳环以金属为料质，分别制成金环、银环、铜环和锡环等。在一些民族中则就地取材，盛行竹环、木环或藤环。环之大小，因民族而异，最大者有碗口和杯子大，最小者与人民币中的硬币差不多大，其细可如丝，粗可如小指。佩戴方法大同小异，多以在耳垂上穿眼固定之。只不过是说，各民族佩戴耳环的数量、大小以及由此产生的审美效果有着明显的差别。

苗族耳饰的种类很多，其中有耳柱、耳坠、耳环、彩线等。苗族耳饰的特点是造型粗犷且较重，因此在佩戴时会将耳孔撑得很大。苗族妇女的耳环作为"银装"之一部分，种类繁多，有苏山耳环、绣球耳环、梅花耳环、环形小耳环等多种。有一种苗族女性耳环很具特色，是用细细的银丝盘成一个像牛角一样的螺旋形，这与其民族对牛的图腾崇拜有关。如图3-61所示，先将银条挫细，再将其一圈一圈盘起来而制成的银耳环，其耳环造型为涡纹，是从自然纹样发展而来的一种抽象纹样。如图3-62所示为乳钉状耳环，耳环上还有龙纹。

图3-61 银耳环

图3-62 银耳环

苗族女性自古使用直径较大的耳钉或是耳环，导致他们的耳洞不断地扩大，有的直径达到2厘米，在大塘、永乐等地圆轮形耳环，佩戴广泛（图3-63），以凤鸟花主题纹样、六棱形、小米纹为主。

图 3-63 车轮式耳环

2. 颈饰

戴在颈部的银项圈，有方棱、圆柱、链条、扁平、镂空等多种类型，造型差别较大，其中主要有圆形和链形的。圆形是用银片或银条制成，造型硕大，较为固定，链形为链条造型，佩戴起来较为舒适。如图3-64和图3-65所示为女性盛装中的银项圈，图中的银项圈都为圆形，形体为固定的，从银项圈中可以看出苗族女性佩戴的银首饰都较为厚重。藤形银项圈主体以环环相扣的形式存在，后半部是接触脖颈的绞丝，整体所表达的内在含义是财富和精神如江水滔滔不绝，前赴后继，永无断流。笔者曾经去侗族地区的时候也见过这种银项圈。

图 3-64 银项圈（1）　　　　　图 3-65 银项圈（2）

3. 胸饰

银胸饰为银压领，佩戴时悬挂于胸前项圈之下，由于其佩戴后可平贴衣物而得名的。银压领的造型为月牙型，是空心的，正面装饰突出，背面和侧面装饰较少，下方缀有不同长短的数排银链，银链下又再缀各式银片和银铃。银压领的装饰纹样通常为浮雕状的"二龙戏珠""龙凤朝阳""百花齐放"等图案。银压领是由长命锁演变而来的，寄予人们 "长命富贵"的愿望。如图3-66和图3-67所示为银压领，两条银压领在造型上都接近长命锁的形状，形象生动，体积较大，

图 3-66 银压领（1）　　　　图 3-67 银压领（2）

有镂空雕刻纹样。在主体装饰部分下缀铃铛，铃铛会随人体的动作发出声响，清脆悦耳，佩戴时直接挂在胸前即可。

4. 衣饰

苗族盛装上的衣饰主要以银饰为主，也有一些其他材质的装饰。盛装上的装饰部位主要集中在胸、腹、肩、臂膀、背、衣摆、衣袖等部位，造型有长方形、圆形、三角形等几何形状，也有花卉或动物纹样。有的还会在银片下加铃铛吊坠，这样走起路来叮叮作响（图3-68）。

在盛装上以银饰诸多为特色的黔东南苗族盛装服饰中，银衣片分为主片和配片，主片装饰在衣背，一般有13片，也有用9片或11片。装饰工艺以压花为主，纹饰精美，配片较小且造型简单，用来装饰衣襟、衣袖、衣摆边等处，或者将其缝制在主片排列的间隙之中，起到渲染和衬托的作用。一般肩部为小银泡装饰，衣背中间缀有铃铛的银衣片为主片，衣摆处定有银衣片装饰，将这些不同大小和造型的银片装饰在服装上非常华丽。其余部位的银衣片多为配片，形状较小，可统称为银泡。银泡是遍布上衣的银饰，形似水泡，饰于肩膀及衣服各处。通常袖部饰有18只蝙蝠纹银饰坠，每只袖口各有9只。其次还有腰饰，腰饰也称银衣角，是坠在衣服下摆的装饰，共17片组合成为一套，其中12片为矩形，5片为三角形，17片下面均坠有银铃或喇叭形坠饰，苗族银装饰真可谓银的海洋。

苗族衣饰中还有比较罕见的贝壳装饰。黔南州平塘县大塘镇新营村的摆仗苗寨人们服饰后背用贝壳装饰。有趣且奇特的是，村民们明明远离大江、大海而居住在深山，为什么他们的传统服饰上却有贝壳装饰呢？村民们说，喜鹊苗的先祖曾居住在大江边上，使用的货币是贝壳，迁徙时为方便带走财物便将钱币（贝壳）等缝在衣物上，因此与其他苗族分支喜好银

图3-68 盛装银饰造型

图3-69 喜鹊苗服饰后背

图 3-70 遵义红苗背饰

饰装饰不同，他们多用贝壳装饰（图 3-69）。

　　除了这些特殊材质的装饰外，苗族衣饰中还有用缝制绣片方式来装饰后背的支系。图 3-70 为遵义红苗背饰，用挑花绣着花、鸟、鱼等寓意吉祥的图案，并坠有彩色的流苏和珠片。白底红花配绿叶缘饰，在靓丽、喜庆中呈现出了纯洁、热情、可爱的女性形象。

　　5. 手饰

　　手部的银饰包括银手镯与银戒指。银手镯的造型有圆柱形、镂空形、螺旋形、方柱形等，工艺有绞丝、编丝、浮雕、镂花、焊花等。风格粗犷的手镯一般表面光滑、无花纹，手感沉重，风格细腻的则用很细的银丝编织或焊成空花，工艺精湛。如图 3-71 所示为女性盛装手饰中的银手镯。它是将银条打好以后进行扭曲而制成的，整体造型较为粗犷。图 3-72 为长裙苗女性盛装首饰中较为有代表性的一种手镯。该手镯很宽，佩戴时几乎可以遮盖住整个小臂。女性手镯可成套使用，如七八个镯子累积地佩戴在一只手上（图 3-73）。在苗族中银质手镯不仅用于女性佩戴，而且少数男性也佩戴造型简约的镯子。

图 3-71 银手镯（1）

图 3-72 银手镯（2）

图 3-73 成套银手饰

银戒指也是银手饰的主要组成部分。苗族妇女佩戴的银戒指的横面较宽，几乎能遮住整个第三节手指，戒面为镂空花朵或浮雕花鸟、蜜蜂纹及绞藤等。如图 3-74 所示为较为典型的戒指造型，整个戒指的横面很宽，下方还缀有三颗小铃铛，造型别致，装饰图案非常丰富。如图 3-75 所示为圆形镂空状银戒指，它是先将银条挫成很细的银丝，然后再将银丝盘旋而成。

图 3-74 银戒指（1）　　图 3-75 银戒指（2）

苗族各支系服装虽各有其匠心之处且自成一派，但苗民们同根同源且生活在同一片天空下，完全继承了先祖在历史迁徙过程中处理不同族群之间关系的能力，这也表现在服装异同的处理与融合中。虽然服装整体形象各异，但在银饰方面却基本保持一致。无论是华丽丰富的盛装银饰，还是朴素简单的便装银饰，都不失其民族印记，如佩戴的耳环、手镯等银饰，其多数都带有民族图腾崇拜。

6. 花带

花带是苗族女性服饰中必不可少的配件，花带既可作为装饰又能够用于系合衣服，还可以作为衣襟、衣袖、裤脚、腰部或围裙带以及背儿带的带子，又或作为信物送给心上人。花带以编织和刺绣为主，颜色有黑白的和彩色的两种，黑白的多为机织和挑绣，彩色的多为手工刺绣，图案有蝴蝶、花草等，是衣服上最精致的部位之一。花带的制作过程非常复杂，往往一根经纬线都不能出错，非常考验绣娘的技艺和耐心。因此在苗族地区花带往往像定情信物一样，姑娘看中哪个小伙，便将自己亲手织成的花带赠予他，小伙子也会根据姑娘的手艺的精细程度来挑选未来的妻子。如图 3-76 所示为苗族女性服装配饰中的花带，颜色以红色为主，配以白、绿、橙、紫等多种彩色丝线，整体色彩搭配非常和谐。

图 3-76 花带

7. 鞋

苗族女性在穿着盛装时搭配绣花鞋。绣花鞋由鞋面和鞋底组成。鞋面有两层，里层多为棉布，外层多为绸缎并绣花。鞋底是由一层层布黏合而成的布底，针脚细密。一般年轻女子鞋面上绣满花纹，纹样有花草、鱼、虫、飞禽、走兽等各种图案，中老年妇女的鞋面上绣花较为简单。在制作绣花鞋时，先将用纸剪好的图案贴在鞋面上，然后用各种刺绣工艺依图刺绣。其图案色彩鲜艳，栩栩如生。如图 3-77 所示为长裙苗女性盛装配饰中的绣花鞋。该鞋面的面料为丝织品，由于其不耐磨，所以多用于盛装绣花鞋。日常穿着的绣花鞋鞋面以灯芯绒和丝绒面料居多，如图 3-78、图 3-79。

图 3-77 绣花鞋（1）

图 3-78 绣花鞋（2）

图 3-79 绣花鞋（3）

第三节　苗族服饰之纹样

《汉书》中曾有"西南夷"和"南蛮"均有"椎髻斑衣"的描述，《后汉书》《搜神记》都有苗族"知染彩文绣""好五色衣服"的文字记载，《三国志》中有诸葛亮将成都先进的蜀锦技术传授给西南少数民族的记载。由此可见，地处西南的贵州少数民族最迟在汉代就掌握了染织绣的技能，其他史籍中在描述苗民服饰时出现过"花衣""花裙"等文字，都足以证明我国苗族在上千年前已经凭借其高超的制衣工艺、美观又独特的服饰形制名声远扬[1]。

苗族是一个没有文字的民族，苗族传统染织绣成了其布上的史诗。基于每个民族在其发

---

[1]　雷山县志编纂委员会. 雷山县志 [M]. 贵阳：贵州人民出版社. 1992.

展过程中都执着于自己的文化特征，以此作为维护本族群的凝聚力，对于无文字民族，其文化的表征则只能以口头传承以及实物的形态来实现，因此纹饰便成为其文化的重要载体。

苗族传统染织绣中的纹样种类繁多，每一种图形根据所属方言区的不同也呈现出不同的形态。那么造成苗族传统服饰中的纹样如此多样化的原因是什么呢？

首先，苗族的宗教信仰多种多样，可以说苗族是一个多崇拜的民族。他们信奉万物有灵，尊重人与自然，推崇天人合一、人与自然和谐相处，盛行图腾崇拜、自然崇拜和祖先崇拜，崇拜的对象多种多样，反映在服饰上的图案也呈现出多图腾崇拜的样式。

其次，苗族妇女在长期的社会生活实践中创造出的服饰图案，强烈地反映了她们对生活、劳动以及大自然的热爱。各方言区的苗族根据生活环境、地理条件，通过夸张与变形的手法，把自然的物象加工制作成图案，反映在服饰上。比如，西南滇中一带的苗族妇女的绣品上常有的螃蟹图案。据说，螃蟹是最勤劳、最聪明的动物，人类挖水沟、开田地、修路等都是从螃蟹那里学来的。把螃蟹作为刺绣的图案，象征勤劳、能干，寄予了人们对美好生活的希望。

苗族服饰的纹样和色彩不仅保持了本民族的民族传统文化底蕴，同时也成为"依靠大山生活，自给自足自然经济"的一面镜子。艺术源于生活，苗族服饰纹样更是生活与审美的完美结合，且充当着记录历史故事和民俗传说的无字天书，同时在制作的过程中他们也是血系相传的纽带，将发生的历史藏在纹样中，子子孙孙代代相传。苗族服饰纹样在构成和排列的方式上有着严格的传统法则。刺绣和织锦在平面剪裁的服装形制中起到了主要的装饰和叙述作用，将原本较为"平板的"服装立即丰富起来。

纹样是构成独特苗族服饰艺术风格的重要组成部分。苗族服饰的纹样特征主要体现在纹样题材的选取与纹样的造型方式两个方面。从图案取材的内容来看，苗族服饰的题材也大多来自日常生活中的动植物、几何纹以及人类主观臆想出来的龙纹、人兽共体纹等。苗族服饰纹样均是日常生活中所闻所观所想，大多取自客观原型，或直接来源于生活与自然，或是日常事务的加工变形。服饰中的纹样造型方式也多为单独纹样、适合纹样以及连续纹样。

一、纹样的题材

苗族服饰纹样的题材丰富，包罗万象，常见于服装中的染织绣以及银饰品中。在苗服装中常见的题材有象形纹样和象意形纹样两种主要类型。其中象形纹样又包括模仿型纹样和虚构性纹样，象意形纹样又包括几何纹样、文字纹样以及标记性纹样。

（一）象形型纹样

象形型纹样表现的是所要描绘对象的形体，其主要题材为现实生活中真实存在的事物，或者表现人们根据现实生活具体的实物形象而主观臆想出来的各种可以塑造形体的形象。象形型纹样包括模仿型纹样和虚构性纹样。

1.模仿型纹样

模仿型纹样主要是以临摹自然界中真实存在的动植物形态作为装饰图案。苗族刺绣纹样中常见的模仿型纹样主要有动物纹、植物纹和人纹。

（1）动物纹。动物形象在苗族刺绣和银饰中非常常见，不仅图案丰富多变，而且寓意深刻。常见的动物纹有蝴蝶、毛虫、老鹰、蝙蝠、鹡宇鸟、鱼、银囚鸟、蝙蝠、青蛙、貔貅等。选取动物纹的原因：一方面源于苗族人对凶猛动物的敬畏之心。他们认为猛兽之所以凶猛，是因为它们足够强大，战无不胜，任何灾难不会对其构成威胁，所以苗民们将它们绘制在服饰上，希望能够保佑子孙后代平安、繁衍昌盛。如，有一种神鸟叫鹡宇鸟，常常被苗族人用在服装上（图3-80）。它由苗家"妈妈树"（枫树）的树梢变成。在蝴蝶妈妈孕育出12个蛋后，鹡宇鸟帮忙孵化，从此天地万物由这12个生命创造繁衍。所以对于苗族来说，鹡宇鸟地位仅次于蝴蝶妈妈。这种大鸟形似凤凰，拖长尾，与蝴蝶、枫树一起被视为苗族祖先。另一方面，一些动物形象被广泛使用是出于历史遗传原因，以口口相传的形式被留传至今。其源自苗族人潜在的图腾崇拜意识，如蝴蝶和枫树。

（2）鸟纹。鸟在苗族人心目中是一个神圣的存在，其形象有的如实模拟，有的想象变形，有的能确认其名，有的则只具有鸟形。老鹰和燕子也是服饰中常见的动物形象。娇小的鸟儿代表着传递吉祥与喜讯的特使，凶猛的鸟儿则被视为天空霸主，保一方平安。如图3-81所示为破线绣鸟纹绣片，整幅图片的色彩丰富，色彩搭配多以相近色为主，鲜艳而又不凌乱。图3-82为破线绣片，图中的鸟纹在色相上以绿色为主，但运用了不同彩度的绿，呈现出一种渐变的效果，可见苗族妇女的蕙质兰心。图3-83为蜡染鸟纹，张开嘴、展开翅膀，有华丽尾巴的飞翔鸟，配有蝴蝶纹。

图3-80 鹡宇鸟纹样织锦

图3-81 鸟纹绣片（1）

图3-82 鸟纹绣片（2）

图3-83 蜡染鸟纹

（3）蝴蝶纹。蝴蝶在苗族中被视为人类始祖之一，被苗族人称为"蝴蝶妈妈"，这是源自于一个关于蝴蝶的美丽传说。传说在远古时代，蝴蝶在枫树的树心里产下了 12 枚卵，分别孵化出牛、狮、松、蝶等动物和人类的始祖姜央，从而产生了苗族。在清水江流域，人们将蝴蝶称为"妹榜留"（苗语中"妹"指妈妈，"榜留"指蝴蝶），其意思就是"蝴蝶妈妈"[1]。蝴蝶图案在苗族的装饰艺术中有着极高的地位，起着重要的装饰作用，同时它也是苗族文化的重要组成部分，被视为苗族源和图腾崇拜的象征。"蝴蝶"是苗族文化中重要的文化符号，所代表的文化内涵不仅仅是如母亲般呵护的"守护神"，还代表爱情、生命、繁殖。

　　苗族人喜爱蝴蝶，在服装的不同部位会按照需求用不同造型的蝴蝶纹来表现，且采用不同工艺表达的蝴蝶纹样还会有着不同的艺术效果。如图 3-84 为织锦蝴蝶纹，经线纬线织出来，呈现几何造型；图 3-85 所示为辫绣蝴蝶纹，图中的蝴蝶已经做了抽象处理，蝴蝶的翅膀和触须都已经进行了抽象的表现，将蝴蝶的形象做到了最简化，再将蝴蝶纹与结实耐用的绉绣结合使用在盛装的衣袖装饰部位，不仅美观大方且结实耐用。再如图 3-86 所示为贴花绣蝴蝶纹，该绣片中的蝴蝶纹样就较为生动，将蝴蝶的触须以及触角形象地表现出来，和蝴蝶内部简洁纹样结合，达到了轮廓线写实、造型生动的效果。这种装饰效果多用在盛装的飘带裙上，因为裙子不易摩擦，且全部的装饰纹样最为繁多，这种不同的造型手法的装饰效果截然不同。苗族蝴蝶纹常常出现在女性盛装的袖部、飘带裙、便装胸前、背儿带、银饰等部位作为装饰。

图 3-84 蝴蝶纹样织锦　　　　　　图 3-85 辫绣蝴蝶纹　　　　　　图 3-86 贴花绣蝴蝶纹

　　（4）鱼纹。鱼纹在苗族服饰图案中也较为常见。因鱼类繁殖能力较强，所以人们在刺绣图案中将鱼的形态作为装饰，显然是希望获得与鱼类一样的繁衍能力，以求多子多福。在苗族服饰中见到的鱼纹形象，有的较为逼真，有的已经过抽象化表现，既可以用于服装上的刺绣装饰，又可以用于银饰品的装饰。如图 3-87 所示为辫绣鱼纹绣片，此鱼纹没有鱼鳞，颜色以绿色和黄色搭配为主，色彩对比鲜明，这种造型手法显然是为了突出装饰感，所以不要求在鱼的形体细节上逼真。再如图 3-88 所示，为银饰品中的鱼纹图案，其相较于刺绣中的鱼纹图案而言，鱼鳞等部位更加逼真，从中可以看出银匠们的高超的技艺。

---

[1]　贵州省雷山县委员会.雷山苗族服饰 [M]. 昆明：云南民族出版社,2012.

图 3-87 鱼纹绣片

图 3-88 鱼纹银饰

（5）牛纹。牛纹是苗族服饰中最具有代表性的纹样，最典型的就是女性盛装上佩戴的银角，整个银角就是牛角的造型，其次，在很多支系苗族女性盛装中的各个部位也都能看见牛角的造型。牛不仅能够帮助人们耕地，勤劳朴实，也是当地人的一种图腾崇拜，有很多关于牛的祭祀活动，场面非常盛大。因此，苗族人非常喜爱牛，也将牛纹绣在服装上。如图3-89 所示为牛纹绣片，图中的牛纹用多彩的颜色刺绣，视觉冲击感较强，牛角醒目，顶角形象生动逼真。如图 3-90 所示为牛型银饰，形象立体、可爱。

图 3-89 牛纹绣片

图 3-90 牛型银饰

（6）花卉植物纹。花卉植物纹也是苗族人在服饰上经常使用的纹样。大部分苗族人生活在西南山区，其气候非常适合植物生长，植被繁茂、种类繁多，在这种环境下生活的苗族人自然而然地喜爱这些植物。因此苗族人会将这些不同的植物纹样装饰在他们的服饰上，使得这些常见或罕见的植物都成为了装饰美丽衣裙的重要元素。苗族人们在装饰中不仅仅是对花朵和果实的运用，而且还将很多人都不屑的枝干与叶把变成为具有装饰意味的适合纹样。苗族妇女喜爱将植物纹与动物纹搭配装饰在服装上，一般在盛装衣袖部位以动物纹为主图，植物纹作为配图与其搭配使用。在盛装的飘带裙、绣花鞋、便装上衣、胸兜、围裙、背儿带、银饰品等上都有植物纹作为装饰。植物纹样大多来自生活中常见的植物，如葫芦、牡丹、桃、石榴、李子、向日葵、荷花、蕨草叶、水草等。如图 3-91 所示为花纹绣片，绣片中的刺绣工艺为破线绣（由于破线绣所选用的绣线非常细，因此破线绣善于表现形体），图中的花纹形态逼真，花瓣的颜色由浅入深，整个纹样被表现得出神入化。图 3-92 为葡萄纹绣片，特别是长裙苗服饰中飘带裙的刺绣纹样多以这些生活中常见的植物纹为主。

图 3-91 花纹绣片

图 3-92 葡萄纹绣片

图 3-93 蕨菜梗纹样

苗族服饰中的常见植物枝叶纹样有蕨菜枝、浮萍、树以及一些不知名野草等。蕨菜的生命力旺盛，生长速度极快，是苗寨中最为常见的食物之一，所以其梗和花被运用到服饰中不足为奇。纹样中蕨菜梗以二方连续或四方连续的菱形骨架形式出现，中间镶嵌花卉植物等图案。蕨菜梗纹样往往是与其他动植物组合出现，很少单独出现（图 3-93）。苗族人向来对自然有一种宽广、乐观的心，欣然地去接受大自然赋予的事物。苗民在山坡上开垦梯田，稻田被注水后一段时间便会出现一些小的漂浮植物，在不同时节其色彩也不同，有绿色、枣红色，这些都被苗民转化成了美丽的服饰图案。浮萍轮廓及叶脉清晰，双色的组合更是突出机理与层次感（图 3-94）。

还有一些长在山坡道路两旁的不知名花草，苗语称为"蒙丢妾"，被简化为几何形，可用四方连续或二方连续装饰在上衣的边缘或是前后衣片中（图 3-95）；同时自然材料的选取极为细腻，充满了乡土气息的淳朴之美，四个短小精简的 T 字形柿子把，头对头旋涡式展开，构成了苗族服饰纹样中最为简单、最具地方特色的组合纹样之一（图 3-96）。图中纹样环柿子把外圈运用了八角花。八角花是西南少数民族服饰中使用最普遍的装饰性花朵，是生长于亚热带地区的一种昂贵的香料植物。苗族妇女把它绣在衣服上，象征着富贵有余。中轴和对角线均对称，八角花使用灵活，搭配方便，可繁可简，可以作为纹样主体，也可作为附属品辅助装饰。

图 3-94 浮漂纹样

图 3-95 树种纹样

图 3-96 柿子把和八角花纹样

在花朵纹样中，使用比较普遍的是蕨菜花、梨子花、八角花。蕨菜花的构图与蕨菜梗构图基本一致，其花瓣向两侧卷曲，花朵朝向四面八方，同样作为骨架与其他纹样组合出现（图3-97）；梨子花花瓣分明，整体呈菱形展开，为达到装饰的视觉效果，往往以双层形式出现（图3-98）。与其他民族一样，苗族服饰中花卉纹样也是最常见的纹样之一，但苗族织锦中的花朵纹样与其他民族不太相同的是，没有被单独地放在突出位置作为主题来表现，而多是以小尺寸、连续排列的方式使用。

图 3-97 蕨菜花纹样　　　　　　　图 3-98 梨子花纹样

（7）人物纹。人物纹是苗族服饰纹样中很重要的一部分，大多取材于人们的日常生活场景，如人骑马、牵马、放牛、耕种等情景。这些不同的人物形象表现了苗族人对自我的认识与对生活的喜爱，将这些不同的场景装饰于服装上是苗族人生活情景的真实写照。常见的人物纹都以数纱绣、平绣、破线绣和锁绣为主，这是由于它们都善于表现平面效果，绣出的纹样装饰惟妙惟肖，装饰感很强。如图3-99所示为破线绣人物纹，图中的人物穿着红色的衣服，带着黑色的帽子，脸部的眉毛、眼睛、鼻子、嘴巴都被刻画得栩栩如生，形态非常逼真，可见苗族妇女的刺绣技艺炉火纯青。图3-100为数纱绣人物纹，数纱绣是按照绣面的经纬线方向进行刺绣的，相较于破线绣而言，用数纱绣绣出来的人物图案形态没有那么写实，但人物形象却多了一份几何形体感，造型也更耐人寻味。

图 3-99 破线绣人纹　　　　　　图 3-100 数纱绣人纹

2. 虚构型纹样

虚构型纹样和模仿型纹样都以客观现实为来源。模仿型纹样来源为客观现实生活本身，是再现的真实，而虚构型纹样则是人们根据客观生活本身存在的实物所主观臆想出来的，是客观生活中实际不存在的，是表现的真实。

（1）龙纹。它是苗族刺绣中最常见的虚构型纹样。苗族龙的形象与汉族龙不同。汉族的龙主要是为了衬托帝王的权威，因此其形象威严。而苗族的龙多是一种图腾崇拜，它寄寓了人们生活美好的愿望。在苗族服饰中有很多不同造型的龙，它们是苗族人将龙的形象与不同动物形象进行组合而成的。例如，由于牛在人们的日常生活中主要担当耕种的角色，因此苗族人将牛和龙结合在一起，就表示为吃饭的"牛龙"；此外还有穿衣的"蚕龙"、跳舞的"鼓龙"等。它们憨态可掬、十分可爱。如图 3-101 所示为绉绣龙纹图案，常常用于盛装的袖部。绉绣的绣法使得整个绣片看起来立体淳厚、结实耐用；龙纹身上还有古钱纹，象征着财富。图 3-102 所示为龙纹银饰，其龙头上方像太阳一样，龙身的鳞片被刻画得非常细致，形态逼真。

图 3-101 龙纹绉绣绣片   图 3-102 龙纹银饰

有些龙纹以抽象的形式表现，几乎认不出龙造型。如短裙苗织锦上出现的与常规龙概念大不相同的形象（图 3-103），其被简化过的"弓字形"龙并不是人们印象中的高大威猛的神兽，而是被缩小的、以几何化的方式按二方连续安排在衣服前片或衣襟边缘位置。图 3-104 为台江雕绣龙纹，其龙纹图案呈圆形，简洁、抽象，且轮廓鲜明。（实质上雕绣是平绣的衍生，用的是平绣的针法和技法，只是在刺绣过程中为追求立体效果而常采用较厚的剪纸样或多层纸样，有的还在纹样上垫小棉团，这样绣制出来的成品具有很强的浮雕效果）

图 3-103 龙纹织锦   图 3-104 雕绣龙纹

（2）人兽共体纹。在苗族服饰中还有大量的人兽共体纹，其造型夸张、形象独特，充满了神秘的色彩。这些纹样以当地特有的图腾崇拜为基础，将动物形象和人的特征组合，以人面兽体居多，如人面鱼纹、人面蛙纹、人面蝴蝶纹等。人们之所以将人面和动物体结合起来用以装饰，是为了表达对生活的美好愿望。例如人面和鱼的结合（图3-105），鱼在苗族人心目中是美好的存在，是顽强生命力和超强生殖能力的象征，因此将鱼造型和人结合在一起表达了人们对自身的期待，希望自己和鱼一样多子多福。图3-106为人面与蝴蝶身的结合，人面与蝴蝶的结合恰巧体现了苗家人对蝴蝶妈妈的喜爱，希望人能够像蝴蝶一样，子孙昌盛。图3-107为人面与多个动物结合的复合造型。

图3-105 人面鱼纹

图3-106 人面蝴蝶纹

图3-107 人面猪耳龙

（二）象意型纹样

象意型的纹样是经过人类抽象思维加工而产生的纹样。这些纹样都是对现实生活中真实存在事物的抽象概括，是随着人们的自我意识的成熟而产生的。例如，人们对大自然中不同的植物的观察而产生了对几何形的认识；人们对于自身的观察而产生了对称、均衡等形式美法则；人们对于白天黑夜、一年四季的转变的观察而产生了交替、繁复等形式美法则；对于自然界中较为抽象的形体人们无法直接描绘，进而选择用一种抽象的符号来代替，慢慢地就形成了这些象意型纹样。象意型纹样并不是对客观事物的真实描绘，而是对客观事物的某种特征做出表现，与所要表达的事物有一定的内在联系。象意型纹样形式多样、题材丰富，有如云气纹、水波纹、几何纹等。

1. 几何纹样

几何纹样是一种造型简单、高度抽象的纹样，其来源于人们对大自然的认识，是对自然形体的简化，多以反复连续的形式应用在服装中。生活用品、自然现象等都有可能成为善于发现美的苗族妇女手下的精美几何纹样，成为表形达意的最佳方式。苗族服饰中常见的几何纹样有"十字纹""井字纹""万字纹""回形纹""水波纹"等。

窗纹，以几何形象被刺绣在苗族盛装上衣和前后围腰上。由于苗族人的住房是用杉木搭建的木屋，房子的装饰并不像他们的服装装饰一样丰富。一般只有富人家的窗子是经过一番设计的，所以每当穷人路过窗前时都会频频张望，于是窗户成为苗族人渴望财富和幸福生活的象征。衣裙上的窗纹便应运而生（图3-108）。在苗族社会中女性有着重要的地位。苗族女性勤劳能干，敢于追求美好生活，善于发现生活中的点滴来装扮自己。银饰作为贵重的装饰物被视为传家珍宝，因此模仿银饰的纹样作为女性专属使用出现便不足为奇，无论是整体造型还是细节都是按照苗族女性发饰设计的，如银圈弯曲、层层叠叠，象征生活富足（图3-109）。被选取的一些"再设计"生活用品，多与富裕相关。在现实生活中越珍贵、越难得的物品，绣娘们就越想通过自己的双手将它们这些"美好的愿景"物化在身上。这些被赋予特殊内涵的符号成为了苗民们对财富、幸福的寄托。等腰三角形下饰的数条长穗，是被短裙苗妇女再设计后的节日彩灯，其抓住了在光影作用下的灯笼剪影，对廊形进行高度概括后将其放在服饰下端，不仅渲染出节日庆典的喜庆，同时还因彩灯下的穗坠形似流苏彩带而体现了苗族人善于发现美、创造美的智慧（图3-110）。

图 3-108 窗纹

图 3-109 银饰纹样

图 3-110 彩灯纹样

在苗族服饰中常见的还有十字纹，它多用于盛装的衣襟部位，用数纱绣绣成。构图时以"十字纹"为中心，形成若干几何造型纹样，绣出一幅美丽的图案。图3-111为"十"字纹绣片，其每一个纹样细节都呈现出十字状，属于数纱绣中的挑花。再如图3-112所示为涡纹绣片，其纹样造型是经过人的抽象思维概括而衍生出来的抽象纹样，具有强烈的形式美感。

图 3-111 "十"字纹绣片

图 3-112 涡纹绣片

2. 文字纹样

在苗族服饰中还有文字纹样的出现，文字多以一些吉祥的祝福语为主，承载着人们对生活的美好期望，文字纹样多用于背儿带的装饰上、便装的胸前以及盛装的银角上。如图3-113所示，为银角中央常见的"福"字，这是人们对于美好生活的愿望，将这些具有祝福意义的文字装饰于服装上，是人们情感的寄托。图3-114为"寿"字纹，图片中的寿字纹样为便装胸前的胸兜上，将寿字纹做成了纽扣的形状，用于系合胸兜与便装上衣，设计得非常巧妙。这些纹样体现了我国各民族之间交流、交往、融合的社会特征。

图 3-113 "福"字纹　　　　　　　图 3-114 "寿"字纹

3. 标记型纹样

在苗族服饰中除了植物、动物、几何纹样外，数百年以来还有一些带有浓郁地方特征的纹样使用沿袭至今。有一类纹样看似很简单，由一些简单的线条和几何形组成，但其形式风格古朴，内涵非常深刻。它们就是标记型纹样，这些纹样往往是对本民族历史事件的记录。人们将自己本民族的历史通过一代又一代地口口相传，记录于服装上。苗族是没有文字的民族，他们将自己的民族历史通过这些纹样记录下来。这些纹样是民族生活的真实写照，也是民族文化的典型代表。苗族服饰中的纹样不仅仅是装饰美化人体，还更是寓意于物，成为了"蕴含特殊能量的符号"，给他们的生活带来积极的影响。

对于生活在我国西南方的苗族来说，种植是他们重要的经济来源，甚至对一部分人来说是唯一来源。苗族服饰中的自然纹样更被寄予与丰收相关的愿望。将田间的分割线运用到服饰上，成为服饰中的特色标志。苗族人认为"田"也被视为一种量具的代表，有着特殊的力量（图3-115）；万字纹"卍"与"田"有着近似的意义，"卍"字符一直被认为是与水和太阳息息相关，苗民们认为正是因为与水和阳光的关系才能庄稼苗壮成长，百姓丰收（图3-116）；还有作为万物生长的必需条件——水，一次又一次地被使用在历代苗人的服装上。苗族服饰上的水纹不仅仅是线条上达到如水般流畅的曲线，还是用块面来表现水面和深度（图3-117），蕴含植物生长的巨大能量。

图 3-115 田字纹

图 3-116 卍字纹

图 3-117 水纹

有些苗族支系服饰，整体服装就是由反映苗族迁徙历史的纹样来组成。比如，黔西北苗族有古歌唱道："远古的事现在还知道，知道格蚩尤老，格娄尤老来开山，开那石块来修建，建座大金城，外墙修成九道拐，城墙粉刷上青灰，城内垫铺着青石，平原金城金闪闪，耀眼夺目映青天。"[1] 将黔西北小花苗花背两个衣片对齐后，可见古歌中的"金城"，红黄线的"河流"包围着黄色转角的"城墙"，内部是田地、动植物、生产工具等纹样（图3-118）。再如，在雷山长

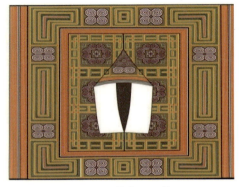
图 3-118 "花背"平铺图

裙苗族服饰中人们穿着的飘带裙一般是由五节组成，这五节段图案是先民的聚居地与横渡的五条大江大河印迹，分别为黄河（苗语"欧纺"，即黄水河）、淮河（苗语"欧赂"，即挥水河）、长江（苗语"欧夯"，即深水河）、赣江（苗语"欧赣"，即鸭群河）与湘江（苗语"欧香"，即稻香河）。

从整体而言，苗族服饰中的题材多以日常生活中常见的动植物为主。这是由于苗族人多生活在我国山峦重叠、植被茂盛且动物也较多的山区，长期生活在这样的自然环境中造就了苗族人喜爱大自然，愿将自然中的一切形态都表现出来。其次，在苗族服饰中也有一些大量的几何纹图案，其来自于人们自我意识的成熟。随着人的思维越来越成熟，可以将一些较为抽象的形体通过一些抽象的符号表现出来，因此产生了这些几何纹。最后，苗族服饰还多见一些龙纹、人兽共体纹等，它们来自于人们对大自然中的一些规律的无法掌控，因此祈求通过神灵的帮助来让他们的生活变得风调雨顺，从而产生的一种图腾崇拜，它们不存在于大自然中，都是人们主观臆想出来的纹样。

二、纹样的造型

苗族女性服饰纹样中有吉祥寓意的神兽，也有苗寨山坡上的渺小不知名的野草，这些在

---

[1] 杨永光，王世忠. 赫章苗族文集 [M]. 贵阳：贵州民族出版社，2009.

他们的服装上没有形制、色彩、搭配的限制，但却充满了难能可贵的自然之美。服饰中呈现出点、线、面的联合使用，有大小疏密的对比，有图案组合上的对称，有强烈的节奏感和色彩韵律，缔造出不同于江南的阴柔婉转，却同于北方的雄壮豪迈、慷慨激昂、意气风发的特点。

苗族服饰图案结构上，由表达方法的特点决定了纹样最终的整体效果。图案排列中，不只有完全相同的图案，也有不同图案或是同样图案但变换色彩后放置在几何骨架中向两侧和上下左右展开，呈现出来的画面构图别具一格。

1. 单独图案

单独图案是一个独立的纹样，在构图时不受轮廓限制，造型较为简单，可独自形成独立的图案，也可用多个独立图案组合构成适合图案或连续图案。单独图案在苗族服饰中常见于便装胸前和绣花鞋上。单独图案有多种变化方式：

（1）基本形自身变化。在苗族服饰纹样中，单独图案基本形自身的变化主要指以任意图形为基础，做对称或旋转的变化（图 3-119）。

（2）基本形相互复合变化。指可以不同图形相互复合，运用对称和旋转的手法做各种变化。如图 3-120 所示为单独图案做基本形复合变化的图案，图中有三种不同颜色的花，运用最基本的对称手法构图。

（3）累积基本形变化。指构图时以各种几何面叠加构图。比较有代表性的就是服饰中的堆绣工艺，堆绣绣出的图案都是以累积基本形来变化的。如图 3-121 所示为堆绣绣片，图中最小的单元为三角形，在造型时运用几何面的叠加构图，具有层次感。

图 3-119 基本形自身变化图　　图 3-120 基本形复合变化图　　图 3-121 累积基本形变化图

图 3-122 综合运用方法

（4）综合运用方法的变化。在苗族服饰的装饰图案中，大部分都是对以上多种基本形变化方式的综合运用，多种变化方式的相互组合，强调运动感与节奏感，使得纹样变化更加丰富、图案更加精美（图 3-122）。

2. 适合图案

适合图案是在一定的轮廓内进行构图，因此图案在设计过程中受轮廓线限制。在苗族服饰中常见的刺绣花纹就是以适合图案进行构图的。适合图案纹样常见于苗族服饰中盛装领口、袖部、裙子、背儿带等部位，是使用最多的一种装饰纹样类型。从其构图形式来看，苗族服饰的适合图案有形体适合图案、角隅适合图案和边缘适合图案三种不同类型。

（1）形体适合图案。指图案的外轮廓呈现出一定的形体特征，苗族服饰中的形体适合图案有两种主要类型，一种是自然形体，一种是几何形体。如图 3-123 所示为花纹绣片图案，图中的花纹非常简单，但是在花纹的外部轮廓上有一定的形体，花纹是限定在形体内部的，图中的轮廓线看似一个花瓶，与内部的花纹搭配，内容十分丰富。

（2）角隅适合图案。指装饰在图案形体边缘转角部位的图案，多以三角形为主，三角形的造型有直角，有钝角，有锐角。在苗族服装中常见的角隅适合图案有盛装上衣衣摆部位的银衣片，在盛装上衣中，通常衣摆的四个角都为角隅适合图案。 如图 3-124 所示为角隅适合图案，图案的造型为三角形，多用于服装的衣角边缘部分。

（3）边饰图案。指在主图纹样的周围以很小的部分将主图勾勒的图案，一般为有边饰的边框图案。边饰图案的作用是为了使主图图案更加突出，增加纹样的装饰性。苗族服装中，边饰图案非常多，其中有盛装的衣袖、盛装的衣领、盛装的衣襟以及便装的胸前。如图 3-125 所示，图中蓝色部分即为此绣片中的边饰图案，它往往起到勾勒主图、使主图图案更加突出的作用。

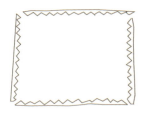

图 3-123 形体适合图案　　　　　　图 3-124 角隅适合图案　　　　　　图 3-125 边饰图案

3. 连续图案的骨骼组织形式

连续图案是独立图案的连续组合，连续图案有其固定的排列方式，一般连续图案会沿着图案的左右上下四个方向排列，形成一幅有规律的图案，富有形式美感。连续图案的骨骼组织形式主要有二方连续和四方连续两种类型。

（1）二方连续图案组织法则。二方连续是将单独图案排列成带状的一种图案组织法则，二方连续构成的纹样具有强烈的形式美感和秩序感。二方连续的方向分为横向二方连续和纵向二方连续，是根据图案在空间上延展的方向来划分的，随着图案在空中的延展方向不同，其形成的装饰效果也各不相同。图 3-126 为二方连续绞绣绣片，绣片中纹样的延展方向为横向，因此称为横向二方连续。图 3-127 为二方连续数纱绣绣片，绣片中纹样的延展方向为纵向，因此也称为纵向二方连续。

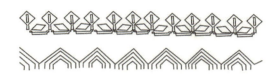

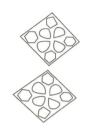

图 3-126 横向二方连续纹样 　　　　　　　　　图 3-127 纵向二方连续纹样

（2）四方连续图案组织法则。指沿单独图案的上、下、左、右四面延展产生的四方连续图案，四方连续和二方连续的区别是二方连续沿图案两端连续排列，形成带状图案，而四方连续沿图案的四个方向排列，形成面，两种排列方式都适合于不同的装饰部位。如图3-128 和图 3-129 所示为四方连续绣片，图案沿上、下、左、右四个方向延展，形成一幅连续状图案。

图 3-128 四方连续纹样 　　　　　　　　　　　图 3-129 四方连续纹样

以上分析都是基于一定的形式美法则来分析的，但苗族妇女在完成这些刺绣图案的时候，她们并不是出于从固定的美学角度去分析构图，而是根据自己的喜好和经验来刺绣的。这就体现出了苗族妇女们的蕙质兰心，他们或许并不懂什么是形式美法则，但在母亲或者姐姐的指导下，一代一代地将这些技艺传承着。

三、纹样的审美特征

苗族服饰纹样种类繁多，结构复杂多样。按题材可分为人物纹、动物纹、植物纹、生产/生活工具纹、几何纹和汉文字纹六大类；按照结构可分为单独纹、复合纹和组合纹样三大类；按照工艺的不同可分为织染、织绣和刺绣三个类别。基于纹样结构的复杂性，有许多的纹样可能兼具不同类别中的两种甚至两种以上的类别属性，如人与动物结合的纹样，按工艺分属于图案组合纹，而按题材则隶属于人物纹、动物纹两类。

在苗族服饰中这些纹样很大程度上反映了苗族人民的民族信仰、图腾崇拜、社会生产和生活习俗，是苗族染织绣在布上的史诗，具有极高的历史价值、民族文化价值和艺术审美价值。苗族传统服饰纹样运用在现代时尚设计中，从其所具备的审美价值的角度和当代消费者对民族文化元素设计作品的需求等方面来说，都是具有一定的可行性。

随着中国国力日渐强大，世界地位逐步提高，中国的传统文化开始受到世界各地的各领域的重视，设计师们争相以中国传统民族文化为设计灵感，在时尚界也掀起了一股中国热潮。消费者们追随了多年的西方审美流行，随着时尚潮流的多元化冲击以及时尚审美的新趋势，逐渐转向对传统的、民族的、有文化内涵的作品的需求。

苗族服饰纹样的美承载着历史文化的古朴之美、兼备具象和抽象造型的和谐之美、蕴含民族文化的自然之美、融精湛技艺和非凡想象的工艺之美。归纳起来，这四点是建构苗族传统纹样艺术美的组成元素。受这些元素的影响，形成了苗族传统纹样的美学观念，并以此为标准，指导、衡量苗族传统纹样的式样、色彩和装饰的形式与布局，进一步形成苗族传统纹样的独特风貌，表现出其个性化的审美特征。而这些特征也成为其在现代时尚设计中传承和发展的可行性依据，下面将从这几个角度对苗族传统服饰纹样的审美特征进行分析。

1. 承载历史文化的古朴之美

苗族传统染织绣历史悠久，它既是美的创造，又是对历史的记录。这些原始的文化符号真实地记录了苗族各方言区的文化原生态，表现了苗族不同发展时期的生产活动和民俗风情，从刀耕火种到狩猎捕鱼，从男耕女织到喜庆丰收，从迎亲娶亲到节日庆典，内容丰富多彩，形象生动活泼。

从苗族服饰纹样中，我们可以找到丰富的关于苗族发展历史的信息。不同历史阶段苗族人民的崇拜信仰与内心渴求意愿反映在服饰纹样上，形象地描绘出苗族人民当时的生产生活情景，映射出当时苗族社会的发展程度，很大程度上真实地再现了苗族的发展历史。如苗族以农耕为主要耕种方式的历史，可以从大量的牛纹、水纹、田地纹、雷电纹中得到体现，也可以反映出苗族人对水的崇拜。

对于一个没有文字的民族而言，苗族服饰纹样无疑是本民族文化主要的记载形式之一，它较为完整地记录和反映苗族先辈们对自然景物的认识、苗族社会发展的历史轨迹及文化创造的过程，是一部活生生的历史画卷。

2. 兼备具象及抽象造型的和谐之美

苗族服饰纹样的抽象美，主要是指不具体地描绘实物的原本形象，将实物轮廓进行概况与简化，展示能够代表实物特征的抽象的美。苗锦纹样多以直线、平行线、方形、三角形、菱形等组成几何纹样，表现抽象的物的形象，这种考究的纹样轮廓，有很强的装饰品位，适合手工制作。在长期的织锦和艺术造型创作中，苗族妇女养成了对自然物美化取舍的审美意识，这是完成自然物至图案艺术形象的创作过程中所必备的素质。苗族妇女将自然界和社会生活中的人物、动物、植物、生产生活用具、生活劳动场景以及日月星辰等加以提炼与概括，构织在苗锦图案上，从而使图案艺术升华，具有较高的艺术水准和审美理念。

苗族服饰纹样的具象美，是指如实地反映物象的外形，表现具体、生动、形象。苗族服饰图案的具象性是在相对形似的基础上，稍有艺术加工而使图案具有装饰性，苗族服饰图案中常见的具象性图案有人、龙、牛、鸟、花草等。苗族服饰具象图案主要是反映人们心目中定型化的物象，使人一看便知是何种物象的转化，大部分是人和动物的形象。当然，苗族服饰图案的具象性由于受工艺手段的制约，并非能制造出所指物象概念来等同代之，苗族服饰图案的具象还带有一些苗族人表达事物的性格隐象。

苗族妇女将抽象与具象的纹样相结合，根据自己独特的民族审美意识，将它们有韵味地染织绣成一幅幅色彩艳丽、纹样复杂又蕴含深层意义的纹样。一幅幅精美的纹样都在苗女们的心中定了形，从来不需要绘制图稿与描摹，即便能将这些形态各异的纹样和谐地汇聚成一幅画，就像是浑然天成一般兼备了具象与抽象造型的和谐之美。

3. 民族文化的自然之美

苗族服饰纹样以最生动传神的方式，将苗族的民族文化展示在世人面前，毫无保留地传达着苗族民族文化的自然美。民族文化与人类社会相伴而生，它就像一面镜子，折射出一个民族悠久的文化传统。苗族人民认为大自然中的万物都有灵魂，认为人类的一切生产活动及生活状况都有神灵在冥冥中主宰，一切生命的存在都是受神灵的支配，且世间万物间存在看不见的能量链，不仅人有灵魂，而且山、水、虫、草等也都有着独立的生命。因此，苗族人们对天、地、日、月、水、石、山都充满了敬畏与崇拜之情，并将它们装饰在服装上以祈求得到庇佑。

经过长期的历史发展，不同地区苗族的宗教信仰有所不同。但总的来看，多数苗族群众信仰的仍是本民族长期形成的原始宗教，它包括自然崇拜、图腾崇拜、鬼神崇拜、祖先崇拜。由于苗族支系繁多、分布广，他们崇拜的图腾有多种，如凤凰、枫木、蝴蝶、神犬（盘瓠）、龙、鸟、鹰、竹等。黔东南地区的苗族先民把枫木作为图腾崇拜，认为自己的祖先源于枫木；另外他们还把蝴蝶作为图腾，认为其祖先姜央是"蝴蝶妈妈"所生。而贵州西部苗族则以鸟为图腾。湘、鄂、川、黔交界地区的苗族先民还以盘瓠为图腾，至今这一带还保留了不少盘瓠庙。在云南的金平麻栗坡等地的一些苗族中，每当农作物抽穗时都要祭"天公地母"，祈求天地使农作物丰收，这是苗族崇拜天、地的遗迹。在长期的自然环境中生存，苗族人重视人与自然的关系，善待自然，顺应自然，对自然和自由的热爱铭记在心中，刻画在身上。传统服饰图案，作为一种表情达意的符号，展现出苗人对自然崇拜、人与自然和谐共处意识，物化在身，成为"美"的装饰工具，成为苗族史书。

苗族是一个快乐的民族，其快乐简单、朴素。他们可以用几根竹棍吹出叮咚仙乐，几根木棍打出欢快的打鼓舞。在传统的节日庆典中，苗族人身着盛装，载歌载舞，在欢快的韵律中跳出了一个充满希望的未来。他们深信舞动时银饰发出的清脆灵动的声音，能帮他们驱赶鬼邪、祛除病灾、消灾免祸，带来健康长寿与幸福吉祥。以农耕文化为主的苗族，风调雨顺是农民一年之中最大的祈求，在牛、龙的保佑之下，飘飘洒洒的甘露从天而降，滋润万物，在温暖与祥和之中蝴蝶纷飞，鸟儿唱歌，还有丰满肥硕的鱼儿象征人丁兴旺（图3-130）。

图 3-130 苗族欢乐图刺绣

图中的人物纹与动物纹，活泼、灵动，非常生动有趣地展示了苗族人民的民族文化信仰与对美好生活的向往意愿。这正是苗族人对生活乐观态度的真实写照，也深刻淳朴地体现了其民族文化精神所蕴含的自然之美。

苗族妇女们就用自己灵巧的双手将温暖、美好意愿、吉祥祝福、神灵庇佑、生活情境，一点点地绣入画幅中，为世界留下了一笔宝贵的文化财富。

4. 精湛技艺的工艺之美

苗族妇女用简单传统的工具，创造出精致华美的织染绣，其工艺水平十分高超。苗族妇女在长期从事印染、织造、刺绣的过程中，逐步积累了关于纤维的软、硬、粗、细、长、短和坚韧程度，以及纤维的种类特性等方面的知识和经验，她们还熟练地掌握了利用多种植物及矿物进行染色的技艺。传统的手工艺技术，作为不可复制的手作工艺品，传达着特属于苗族的精湛的工艺之美。

苗族传统的手工艺技术代代相传，也随着时代的发展与变迁逐渐进步，行销国内外。新中国成立后，随着精神文明建设的逐步提高，对苗族传统工艺的研究也逐渐开始受关注，被列入非物质文化遗产保护名录。特别是近年来，国家与当地政府坚持"保护为主、抢救第一、合理开发、传承发展"的原则，多渠道多途径对苗族非物质文化遗产进行保护、挖掘、抢救和传承发展，推动民族传统文化保护工作取得了显著成绩，苗族传统手工技术的保护与传承逐步踏上了科学可行的道路。

基于苗族"纺染织绣"纹样的这几方面价值，将苗族纹样进行现代设计的开发和运用，是对苗族历史记载的延续，是对苗族人民审美价值的肯定和发扬，是对苗族民族文化的深层次考究与宣扬。对苗族传统手工技艺的保护与传承，具有绝对的历史文化价值、民族文化价值、工艺美术价值和市场经济价值。这些工艺及纹样应用到现代时尚设计作品中，符合当代人们对传统的、民族的、有文化内涵的产品的审美需求。

苗族作为中国极具特色的民族之一，其传统工艺上极富民族特色的纹样运用在现代时尚设计中，一方面可以满足当代时尚消费群的民族文化产品需求；另一方面，可以将苗族传统工艺这一珍贵的非物质文化遗产很好地进行传承与保护，让更多的人了解、认识和喜爱苗族传统"纺染织绣"和苗民族文化。

第四节　苗族服饰之工艺

民族服饰的传统工艺包括服饰制作技术和装饰工艺。其中的扎染、印染、蜡染、刺绣、补花、镶花、织锦等更是少数民族服饰工艺技法的瑰宝。这些工艺有极强的生命力，与现代审美的融合度也很高。在近十几年的秀场上，许多国内外品牌将这些技法运用到服饰设计中，取得了很好的效果，赢得了极高的声誉。因此，运用传统技艺并将其运用到现代的设计中去是设计师们面对的一项既具创新又具挑战性的课题。对民族民间技艺，特别是印染刺绣技艺与时尚运用方面的研究就显得迫切而有必要。

苗族服饰的精美装饰离不开精湛的服饰制作技艺，在苗族地区服饰制作多为妇女农闲时的作业。服饰的制作过程有纺织、靛染、裁与缝、刺绣、织锦、镶缀饰物以及制作银饰等。其中最具有代表性的是纺织工艺、刺绣工艺、银饰工艺以及蜡染工艺。

一、纺织工艺

早期苗族的服装面料主要为自织自染的土布。从传世服装的面料来看，苗族人早期也曾使用葛藤、苎麻等植物纤维织布，后来发展到养蚕缫丝以及种植棉花来纺织布。现在苗族的服饰面料则多以棉布、丝绸及化学纤维为主。苗族服饰中的织锦工艺也发达，现已列入国家非物质文化遗产名录。

棉和蚕丝作为天然纤维在穿着的舒适度和材料的可获取性中有较高指数。棉质面料柔软、吸湿性好、耐洗；麻质面料散热性好，耐磨损，不易腐烂；蚕丝上色好，且有光泽，提升整件服装的质感层次，是苗族服饰中最佳视觉元素"制作者"。苗族人的吃苦耐劳的性格、能耕善做以及高超的纺织技艺，为服饰图案的形成提供了优质的技术支撑，使得意匠得以完美实现。

自全国农村实行集体生产后，家庭自纺自织的时间减少，机织布销售逐步扩大。苗族村寨同样进行着改造，在这个过程中家家户户将大量精力投入到了集体生产中，以往利用闲暇时间织布制衣的人逐渐减少，因此家织布的地位受到严重的冲击，导致如今自产自销的纺织品服饰越来越少。

山区苗族服饰中的面料多为苗家人自织自染的土布，它是用棉花制成的。在制作土布的过程中要经过一系列复杂的程序。首先要种植棉花，然后将棉花纺成纱，即经过纺纱、浆纱、牵纱、理纱过程，再进行织造。织成布以后还要将布进行染色，染色多以当地种植的蓝靛草为染料。再用动物的血浸染染好的布，这样做是为了使颜色更加鲜艳、色牢度更高。最后再将染好的布进行裁剪制衣。这些操作通常都是由苗家妇女完成的。土布的特点是有规律地经向条纹，材料较为天然，穿着较为舒适，但缺点是幅宽比较窄、布面较为粗糙且色牢度较差，这是由于土布是用农家自己的纺织机织成和植物染料染色。在苗族服饰中土布多使用于便装中（图3-131），或作为盛装装饰部分的刺绣纹样的底布。自织土布面料的色牢度较低，也容易褶皱，但是透气性很好，柔软舒适。

图 3-131 苗族土布上衣

1. 纺纱

苗族的服装面料多为土织的棉布，棉布制作的第一步就是将棉花纺成纱线。纺纱的步骤较复杂，要先选花、轧花，然后进行弹花，最后再进行卷花、纺纱。在这一过程中最难的就是纺纱。纺纱时操作者需要四肢配合才能完成。操作者的右手摇纺纱机的手柄，左手拇指和食指捏送棉条和引纱，同时操作者的右脚要伸至锭子前，用脚趾缝来控制竹管。当手柄转动绳轮时带动锭子转动，这样才能将棉丝捻成纱线。在将纱线捻至约1米长时松开脚拇趾，再继续朝相反方向用脚拇趾缝控制移动来转动绳轮，将纱线回绕在竹管上。如此重复操作，便将棉纱在竹管上绕成两头细中间粗的纺锤形纱线锭。

2. 浆纱

首先将纺好的纱线放在用草木灰制成的碱水里浸泡一个小时，然后将泡过的纱线拿到河边用水清洗，洗完、晒干后就可以开始浆纱。浆纱用的浆料为白芨或粘狗苔。先将白芨或粘狗苔清洗干净，用水煮熟、煮烂，然后用纱布过滤，将过滤好的汁液用来浆纱。将纱线与白芨或沾口苔汁液混合、搅拌、浸煮，煮透后捞出并晾干。这个过程看似简单实则很复杂。在制作时要边浸边揉、边挤浆水边捣炼、边洗边晒，这样纱线间才不会粘连。最后再将浆好的纱线一支一支地挂在竹竿上，并将纱线里的水用小竹竿拧干，待其干透后再进行下一道工序。浆洗和捣炼都不是一次完成的，而是要经过反复多次操作，浆出的纱才会有张力且不易断。

3. 牵纱、理纱

牵纱是先将已经浆好的纱线用可收缩的"X"型轮车和纺锤形的竹篓倒纱成大纱纡，然后将大纱纡放在牵纱架上，把多根纱合在一起并沿木柱或木楔来回牵纱，在最末处绕成一端开口的"8"字，在缠绕的过程中分隔好天地经纱，使每根纱都交错地绕在木柱或木楔上。牵完纱后就开始理纱。将牵好的纱线逐根引入竹筘（用竹片编成梳齿状筘眼，使经纱线从筘眼穿过，以控制织物经密和把纬纱推向织口），梳理好纱线并将其挽在卷经架上，卷好后再把梳理过的纱线的一端按所需幅宽穿棕（织布车上用以携带经纱做开口动作的构件）。用麻线制成棕丝，一般每张棕的上下各有棕丝350根左右，对着相应筘，筘门成棕眼，供经纱从中穿过。每个棕眼控制一根纱线，织布时带动经纱做升降运动以形成梭口，便于投梭引入纬线。

4. 织物

苗族的自产织物主要包括平纹布、土花布、素织锦和彩色织锦。苗族妇女织布工艺方法主要分为三种：机织、编织、腰织。用不同织布工艺方法织出来的布有不同的用途。

织布用织布机。操作时操作者两脚踩在织布机的两块踩脚上，一踩一放地来回交换。踩脚主要控制的是经线，手控制的是纬线，在踩脚的同时用手将梭子在经线间来回投梭和穿梭，最后再用悬吊木架上的竹筘来击紧纬纱。图3-132所示为苗族老妈妈正在织布，可以看到织布的老妈妈手脚并用、神情专注。

织锦以丝线或者棉纱为原料，在织机上直接织成花纹。织锦图案多为花鸟鱼虫图案或者几何图形。织锦的工艺非常复杂，操作者需要非常谨慎，常常一根经纬线出错，整个织锦图案就会被毁坏，达不到理想效果。雷山苗族的织锦是用土织机和手工数纱挑织而成，即挑经织纬和纬线起花。挑织指事先将经线上筘，然后再按照设计的花纹需要来掷入梭子，进行经纬交错地织。用织机织的布料的经纬走向决定了织布的图案风格，圆滑的曲线走向受到限制，多数花型以几何形表现。织锦时先把牵好的经纱轴放在织机上，然后按花纹需要，用一块光滑的竹片将经纱的一根或数根挑通，用梭子引入一根纬线，其以彩色经纬线的隐露来表现各种各样的图案。织锦可分素锦和彩锦两种类型。素锦多以黑、白色为主（图3-133），且经

图3-132 织布中的老妈妈

图3-133 素织锦

纬线是相通的；彩锦则多为通经断纬或通纬断纬相互配合而成。彩锦的织造工艺比素锦要复杂得多。图 3-134 所示为彩锦，几何形纹样，色彩丰富，其看似简单但实际织造的过程非常复杂。在苗族服饰中织锦常用于是盛装中的上衣、围腰和花带。织锦技艺也是苗家姑娘必会的一种技能。

图 3-134　五彩织锦

织花带是遍及南方少数民族的一项手工艺。花带应用极广，主要用于腰带、背裙带、绑腿带等，长可达丈许，短则尺许。它主要分为织锦、丝织、棉丝夹用三种。织花带是苗族妇女的传统工艺制作形式。苗族妇女从小学编织花带。她们以棉线和丝线为原料，用一把牛骨片和一个木棚作工具，以固定的经线和随时变化的纬线相互交错地织，一次织成。花带的纹样丰富多彩，可以是一种花纹贯穿整条花带，也可用多种花纹组合而成。根据不同的用途可编织长短、宽窄不一样的花带，并根据预先设计的纹样采用不同或相同的彩色经纬线的排列方式。花带越宽，花纹图案也就越复杂。花带纹样构图多取材于日常生活中所见的花草虫鱼、古老传说故事以及寓意吉祥的动物形象。这些纹样是经过将素材具象地简化、想象的再抽象，然后再进行一定的夸张变形而成，新颖别致。比如双龙抢宝、六耳格以及各种花、鸟和文字等图案。

花带既可用于系合服装、装饰服装，又可作为女方的定情信物赠予其心仪的对象，也可以说它是苗族青年男女恋爱的纽带。苗《竹枝词》唱道："花带织了三尺长，送给阿哥系腰上，情哥莫嫌带子短，要知情意更深长。"苗族姑娘若找到了自己的意中人，就会悄悄地送给他织花带，以表爱慕之意。花带的带面织有各种绚丽的图案，两端还留有花带穗头。小伙子如果也中意的话就会收下花带并系在身上，还会故意把花带穗头露出来炫耀，以表示他已经找到一个聪明能干的美丽姑娘。当然，小伙子也可以向他爱慕的姑娘"讨花带"，姑娘若是有意也会接受小伙子的"讨花带"。

苗族花带不仅是苗族人穿着盛装时的一个重要装饰，也是平时装束或务农装束时不可缺少的。图 3-135 为苗族少女后腰上缀满五颜六色的织花带。她们把一根根图案新奇、色彩鲜艳的花带系在腰间或缠绕在头上。花带成了她们最喜爱的装饰品和生活必需品。

图 3-135 苗族少女后腰上缀满五颜六色的织花带

二、印染工艺

中国是世界四大文明古国之一，有着悠久的历史与深厚的文化积淀，其中精湛的印染工艺为世界所赞誉，也是中华民族智慧的结晶。中国民族民间印染种类繁多，包括蜡染、扎染、夹染、蓝印花布和彩印花布等。各民族的印染都有着悠久的传统。在手工生产方式条件下，将布坯经印染工艺加工成朴素大方、牢固耐用的花布，受到了广大民众的喜爱，因此印染工艺才有了广泛的流传和强大的生命力。下面详细介绍一些在民族服饰中运用较多的印染工艺。

（一）蓝染

苗族服饰中使用的染料有化学染料和植物染料两种。用植物染料染色是最为传统的一种染布方式。传统的植物染料染色是用蓝靛来染。染布的过程包括制作染料、染色、固色。

1. 制作染料

染布用的染料为蓝靛。蓝靛的原料是当地种植的蓝菜，蓝菜的叶子为椭圆形，晒干后为蓝色。在制作蓝靛时要将蓝菜与石灰放入木缸中以发酵，待蓝靛发酵好后就会有沉淀，然后后将缸内的清水部分倒掉，缸底部留下来的蓝靛泥便是染布时需要的染料。

2. 染色

染色就是将织好的布放入制好的染料中进行浸泡染色。染色是一个重复的过程，要不断地将染布置于染缸中浸泡、捞出，再浸泡、再捞出，然后再将染好的色布叠成长 20 厘米左右、厚 5 厘米左右的布堆，放在河里进行轻轻地清洗。由于浸染一次往往达不到理想中的颜色，所以在染色时会进行不断地重复，即要将白布反复地浸入染缸、捞出、晒干、清洗，多次重复之后白色布就变成蓝色的布了。

3. 固色

染好的布要进行固色，这是最后一步也是最重要的一步。固色的方法是，将黄豆粉或者捣烂的白芨加水搅拌，制成浆水并倒入木桶中，然后将染好色的布浸在浆水里，待浸透后捞出并晒干，晒干后再放入新的蓝靛水中进行浸染，再捞出、晾干，将这个过程重复几次后再将色布进行蒸煮，最后将蒸煮过的色布放在大石板上并用木托或木槌捶打，完后再拿到河里清洗。这样就将色布固色好了。

（二）蜡染

蜡染是一种防染印花法。其基本原理是利用"遮盖"使织物不易上色，产生空白而形成花纹。蜡染的制作过程是先用蜡在白布上绘制图案纹样（因为凝结的蜡不溶于冷水，可以达到防染的目的），然后将布料放进染液里浸染，最后再将蜡除掉，这样在布上绘制出的图案纹样（没有浸染过的地方）就显现出来了。在操作过程中，固态蜡往往会产生裂纹，这是人工难以描绘的自然龟裂痕迹，纹路各不相同，有着极强的随机性。

蜡染是苗族服饰中常见的一种装饰工艺。蜡染图的色彩大多比较单一。通常蜡染的颜色以藏青色为主，也有彩色蜡染。早期苗族服饰中蜡染较多，现在蜡染较少，在西江地区蜡染多作为装饰品。如图 3-136 和图 3-137 所示为蜡染鸟纹图与蜡染鱼纹图。

图 3-136 蜡染鸟纹

图 3-137 蜡染鱼纹

1. 蜡染材料

①枫香脂、蜂蜡和石蜡。枫香脂取自枫树的油脂，在取枫树油脂时先将枫树的皮割破取出树的汁液，再将树汁液与牛油混合，将两者一起熬成深褐色，待其冷却后像蜡一样凝固，用时再将其加温融化。蜂蜡是公蜂的蜡腺中分泌的一种脂类，具有很好的防潮作用，黏性极佳，适合描绘较为细腻的图案。石蜡是从石油中提炼而成，属矿物质，根据精致的程度可以分为粗石蜡、半精炼蜡和全精炼蜡，黏性小而易断裂，经常和蜂蜡一起使用，图 3-138 为苗民讲解蜡的种类。

②画蜡花工具。绘制蜡花的工具有蜡刀、毛笔、排笔和铜刀笔。铜制的画刀最为常用，因为铜制的画刀与其他笔相比更便于保温。铜刀是用两片或多片形状相同的薄铜片组成，一端缚在木柄上，刀口微开而中间略空，以易于蘸蓄蜂蜡。根据绘画各种线条的需要，有不同

图 3-138 苗民讲解蜡的种类

图 3-139 各种画蜡笔

图 3-140 画蜡染画的苗族妇女

规格的铜刀，一般有半圆形、三角形、斧形等。图 3-139 为各种画蜡笔。

③布料。蜡染布料多为棉布、棉漂白布和麻布，这些都是苗家人自织的布料。

④溶蜡锅。有铝锅、搪瓷锅、铝盘、不锈钢锅等。用时将蜡放入锅中，用加热器加热，将蜡融化，这样才能用融化的蜡在布上绘画。

⑤加热器。常用的加热器有油灯、木炭、火炉、电炉、酒精灯等。为使蜡不凝固，通常在画蜡时要一直对蜡加热。

⑥染缸。染缸是用于将画好蜡画后的布料进行染色的缸。传统的染缸多为木桶、土陶缸，现在为脸盆、塑料桶。

图 3-141 体验点蜡

2. 蜡染制作过程

在蜡染的过程中还需要一些其他的材料，如精炼剂、固色剂、促染剂、熨斗计量器、漂白剂、竹棍、碗、碟等。蜡染具体步骤：

①构图。用于蜡染的布事先要进行浸泡、捶打、清洗和晾晒。绘制时先把白布平贴在木板或桌面上，然后在布上拟好纹样的轮廓线。通常在操作构图时，有的人会提前用笔画出图案，有的人不需要画图而直接开始点蜡，这依赖于技术的娴熟程度。

②点蜡。用蜡刀蘸上蜡液，在面料上画出图案纹样。大部分在白布上直接进行勾勒。点蜡是蜡染中最重要的一步，勾勒出的纹样直接决定了成品的纹样。蜡液主要是蜂蜡，也有少量的石蜡。对蜡液的温度也有严格的要求。若温度过高，则会使图案纹样的边缘模糊不清；若温度过低，则蜡液渗透不到纤维里，也就起不到防染的作用。如图 3-140 所示为正在点蜡的苗族妇女，她的手艺非常娴熟，不用任何画笔提前勾勒，直接在白布上进行点蜡勾勒纹样。图 3-141 为笔者在体验点蜡。

③浸染。将用蜡绘好的布放入温水中浸泡，这时要注意水温不宜过高。然后捞出，慢慢地放入蓝靛染缸里，染半个小时左右，捞出阴干，如此反复十次左右。如果需要染出不同的色彩，则在第一次浸染后在纹样上涂上蜡再进行第二次浸染，这样便会形成许多不同的色彩。一般要浸染多次才能得到深色的染布。

④脱蜡。脱蜡也叫去蜡，是蜡染工艺的最后一个步骤。脱蜡之前先要把布料放在清水中漂洗，去掉浮色。然后将其投入到沸水中，使凝结的蜡迅速融化，去除蜡质。这样用蜡液绘制出的纹样就会显现出来。漂洗几次后，就可以呈现出蓝白分明的花纹。

在蜡染中最重要的过程为点蜡和浸染。因为每个人的点蜡娴熟程度不同，所以画出的蜡画的精细程度也就不同。浸染能改变蜡染画的颜色，通常浸染要进行多次。每浸染一次后，可以在浸染过的地方再点上蜡，然后再进行浸染，这样能得到不同颜色的纹样。另外，在浸染的过程中如果蜡出现断裂，那么染出来的画就会带有天然的裂纹（称为"冰裂"）。"冰裂"的蜡画也别有一番风味。

我国近代的蜡染技术以西南民族地区最为发达，包括贵州苗族、布依族，广西彝族、瑶族等地区，是蜡染工艺品产量较多、特色最鲜明的地方。例如贵州苗族地区蜡染工艺就是当地的主要产业经济，并已经成了当地百姓主要的生活方式，人们的婚丧嫁娶等活动都离不开蜡染，并且蜡染图案装饰性强，其图案结构严谨、规律性强，极具美感。

（三）扎染

扎染是用麻、丝、棉绳等把平整的布料进行有规律地结扎，然后将其投入到染缸中染色，结扎部分布料因扎在一起而无法上色，染完后拆去结扎绳线，这样未被染色的部分和染上色的部分相互映衬，从而形成了美丽的纹样。在浸染过程中由于染液浸染程度的不同而造成布料深浅颜色不同，因此会产生神奇的艺术效果。其具体工艺过程大致如下：

（1）先把结扎缝好的面料用清水浸泡，以泡透为宜，若浸泡不透则染液会渗进结扎处，达不到防染的目的，使面料不能产生花纹（图3-142）。另外，未结扎的地方会产生染色不匀的问题。染液呈现绿色的时候，浸染效果最佳。

（2）将扎染的面料放入染液中并轻轻翻动，使其均匀地与染液接触。然后将布料晾干，这样反复七八次，使面料由黄变绿，由绿变蓝。

（3）将染过的面料用水反复漂洗，洗掉浮色后拆除结扎部分，然后将面料放在通风处晾干。扎染就完成了。

扎染在我国古代称之为扎缬，目前已发现的最早的扎染实物是敦煌佛爷庙湾墓与西凉庚子六年（公元405年）朱书陶罐一起出土的蓝色扎染残片，其呈现出的规则几何图案，质朴自然，是当时名贵的服装材料。这项技艺至今已有1600余年的历史。扎染的图案多为几何纹、花草纹、蝴蝶纹等。

图 3-142 结扎好的面料

（四）印染工艺的特征

1. 地域性

我国民族服饰印染工艺发达的地区大多地处封闭、偏远的地区。例如曾经的贵州边远山区如平塘、罗甸、三都，交通不便，几代与世隔绝。自给自足的个体劳动是山区经济的主要特征。居住在这里的苗族同胞世代种植靛草、棉花，纺纱织布，画蜡浸染。在解决温饱等基本问题的同时，也追寻着自己独特的审美理想，形成了独树一帜的风格。

2. 群众性

利用民族印染工艺制作的服饰、工艺品等都有较好的群众基础。它成长于劳动群众之中，必然是为劳动群众所服务的。因此，在我国民间民族印染工艺应用广泛，其产品被制成服装、床单、背面、枕套、门帘、包袱布等。因为它的物美价廉以及蓝白相间所形成的独特艺术效果，为它的流行和发展提供了有利的条件，体现了人们对美好生活向往的意蕴和朴素的审美情趣。

3. 传承性

民族印染工艺经历了世世代代的继承与发展，但这种传承不是一成不变，而是在保留原有特色基础上的创新与改良。许多蜡染工作者和艺术家为保持和发扬传统工艺都进行了大胆的尝试和不懈的努力，并取得了良好的效果。他们或从民间艺术中提取典型的图案符号并重新组合成规整的画面；或将民间艺术与现代艺术精神融合，产生极强的视觉冲击力，同时还将印染技术与刺绣、编制、壁挂、书法等艺术形式相结合，丰富了印染的表现张力。

4. 再生性

民族服饰印染工艺之所以历经千年，经久不衰，最主要的原因在于它的可再生性。特别是其艺术理念的再生，许多的印染工作者将后现代艺术理念融入到扎染工艺中，将后现代主义在思想上提倡的高情感，以人为本地融入到印染工艺中去。利用后现代主义的包容性与多元性，从不同的事物身上汲取灵感，如历史上的设计风格、大众文化等，因此在创作题材上有了更宽泛的选择。在创作的图形上也摆脱了曾经印染工艺连续、规则、对称等传统经典的束缚，呈现出崭新的艺术面貌。

三、刺绣工艺

刺绣，作为中华民族极具代表性的手工艺术，起源于人们对装饰自身的需求，经过数千年的传承与发展，具有极高的审美价值、鲜明的民族特色与深刻的社会内涵。它作为一种文化表现形式与传播工具，在一针一线间勾勒出中华民族的绰约风姿，在丝丝缕缕中体现出中华民族及其历史时代的文化特征，并在岁月的长河中逐渐成为中华民族文化的代表。

中华民族的刺绣工艺源远流长。目前能看到的最早的刺绣实物是荆州战国楚墓出土的"龙凤虎纹绣罗"，其主要采用锁绣的表现手法，有较高的审美价值。刺绣是广大劳动人民为满足精神需求而逐渐形成的，充分地反映了人们的审美意识、思想情趣和风俗习惯，是我国服饰文化的重要组成部分。

不同民族、不同地区的刺绣，呈现出不同的形式和特点。例如，风格自由奔放是北方民族刺绣的共同特征，比较有代表性的有维吾尔族刺绣、哈萨克族刺绣、蒙古族刺绣、柯尔克孜族刺绣等。就蒙古族刺绣而言，因为蒙古族为游牧民族，所以在其传统而盛大的"那达慕"大会上的摔跤选手穿的摔跤服上，所绣的图案通常为龙、狮、狼、虎等猛兽的吉祥动物与卷草纹的结合，其刺绣纹样不但精致且具有浓厚的图腾崇拜意义。维吾尔族一年四季都要戴花帽，因此其刺绣图案大多是几何和花卉图案，绣工华丽，辨识度极高。我国南方民族刺绣也各具特色、自成一派，比较有代表性的包括畲族刺绣、苗族刺绣和侗族刺绣等。值得一提的是畲族刺绣，其几乎都出自男性之手，这在我国民族刺绣中是少有的。其刺绣纹样也大多取材于日常生活，以表达美好祝愿，反映对真实生活的热爱与向往。苗族的刺绣风格豪放，不拘一格，综合运用了动物纹、植物纹、几何纹等多种纹样，整体造型抽象、丰富。由于风格迥异和刺绣产地的不同所形成的"四大名绣"，即苏绣、粤绣、蜀绣、湘绣，驰名中外。

一般刺绣工艺：刺绣时有些先用石灰汁或墨汁打线稿，再依样稿绣出；有些不打样稿，而是凭心构想，线随针引，在一个基本格式里随意绣出，透过娴熟的技法产生出各种意外的效果，把绣者的聪明才智淋漓尽致地发挥出来。

现代的苗族刺绣艺术，在很多方面仍然承传了楚国刺绣艺术的特点。例如，楚国刺绣纹样的"万物同一"的复合构成方式，在现今苗族刺绣造型中体现为"嫁接"和"打散构成"，运用的例子比比皆是。再如，苗族刺绣的主题喜用龙、凤，构图讲究对称布局，特别是用花纹组成菱形图案，这些都能在楚国刺绣艺术中找到传承的样本。苗族刺绣还非常讲究动植物造型的运动感和布局的节奏感，这些也都是楚国刺绣艺术特色的翻版。"以长沙出土的战国时期丝带上的彩色几何花纹，对照现今苗族妇女刺绣中的花纹图案，类似或相同的有几十种。在针法上苗族刺绣中的'锁绣''辫绣''打籽绣'，与战国楚墓中刺绣的'辫绣'和长沙马王堆汉墓中的'单针辫子股'以及湖北省马山一号楚墓刺绣针法'锁绣'如出一辙"[1]。

苗族服饰刺绣的种类如同苗文化一样丰富，其中主要有平绣、辫绣、绉绣、贴花绣、打籽绣、堆绣、锁绣、破线绣、数纱绣、绞绣、锡绣等。其每种刺绣工艺的特征都不相同，制作工艺也各不相同。

针法是指绣线按一定规律运针的方法。手工刺绣针法多变，精巧细腻。经过千百年的积淀，反复实践，不断创新，造就了一整套的刺绣针法。而针法对刺绣也起到了至关重要的作用，一方面，针法是刺绣图形最基本的构成形式，任何巧思的图案都需要经过针法的表现，才能最终呈现。另一方面，针法的表现力体现着作品的审美效应，例如可以利用不同的针法表现出作品的色泽感、空间感等。下面就几种比较有代表性的刺绣针法做具体介绍。

1. 平绣

平绣针法是刺绣技法中的基础，在苗绣中也不例外。平绣的特点是单针单线，根据图案

[1] 田鲁. 艺苑奇葩——苗族刺绣艺术解读 [M]. 合肥：合肥工业大学出版社，2006.

纹样将丝线从轮廓的一端起针，到轮廓的另一端落针，挨针挨线，针脚排列均匀，针法细腻，用丝线将图案轮廓布满。

采用平绣工艺的绣品，绣制前大多都有纹样或图案，可以是剪纸纹样，也可以直接把图案画在绣布上。刺绣时用彩线将纸样（或画样）盖满，即为完成。针脚均匀，彩线排列整齐光洁，绣制图案轮廓清晰圆润，绣面平滑，图案光整精致，走线匀称不交叉，为平绣绣技上品。

平绣中按照丝线的走向不同，又可分为横平、竖平和斜平。平绣是苗族刺绣工艺中应用范围最广的针法，也是各种绣法的基础。运用灵活，较为常见，常用于小块面积的刺绣，这种平绣平整光滑，细腻圆滑。平绣的边缘以锁绣针法盖住针脚，可使刺绣纹样更加耐磨，又增加图案的层次感。如图 3-143 所示为平绣花纹纹样，针脚均匀、线迹分明，绣工细腻平整，绣面细致入微，富有质感，纹样朴素写实，在颜色的使用上也多为鲜艳亮丽的色彩，整体效果极佳。在苗族服饰刺绣中有很大一部分采用平绣，主要有盛装袖部、飘带裙片、便装前片、背带后面和腰带等部位。

图 3-143 平绣花纹

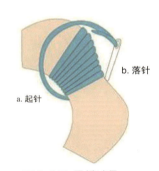

图 3-144 平绣过程

平绣在制作过程中可按纹样需要直接在主图轮廓线两边分别起针和落针，要求针脚排列整齐紧凑，不做重叠也不做交叉；其次，平绣也可在依据图案需要剪好纸片，然后将其放在底布上，刺绣时用绣线将纸片包裹。如图 3-144 所示，就是在剪好的纸片上进行刺绣，绣线将整个纸片包裹，增加了纹样的立体感。

2.辫绣

辫绣是苗族刺绣特色技法之一，是将绣线编好以后进行刺绣。刺绣时先将剪纸纹样粘贴在绣布上，之后根据图案轮廓要求，按照一定的纹理由外向内，将编成的辫带平整地盘绕织盖在剪纸上。可分两种方式进行刺绣：一种是用同色丝线将辫带按照纹样需求，一圈一圈排列起来平铺在底布上，使其呈现出一个完整的绣面；另一种是将辫带作为绣线，穿针后直接穿插入底布进行刺绣，整体给人以粗壮结实的特点。一般以图案造型好，辫带均匀且细密，走向清晰，配色协调，钉针针脚均匀且细密等为此种绣品中的上品。

如图 3-145 所示为辫绣纹样，绣线排列紧密，纹样呈现出一个面，且立体感强烈。辫绣的绣线是经过编织的辫带，较其他刺绣工艺厚重许多，也较为结实耐磨，因此苗族妇女常将辫绣用于女性盛装袖部装饰纹样。用辫绣进行装饰也显得整套服装沉稳大气，这种技法绣出的图案，显得粗犷、朴实、厚重。

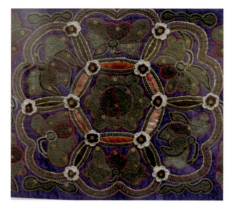

图 3-145 辫绣

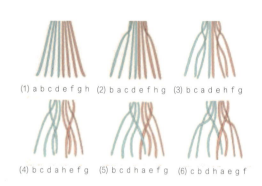

(1) a b c d e f g h　(2) b a c d e f h g　(3) b c a d e h f g

(4) b c d a h e f g　(5) b c d h a e f g　(6) c b d h a e g f

图 3-146 编辫带过程

在制作辫绣时，首先要进行编辫带。在雷山地区还有类似机器一样的编辫带的工具，形如凳子，人们将绣线绑在上面进行编织。编辫带时，根据需要的不同可选取不同数量的绣线进行编织（一般是8根、9根或13根），用手工方式编织成3毫米左右宽的辫带。图 3-146 所示为8股线的编织过程展示。

图 3-147 绉绣龙纹

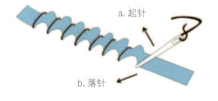

a. 起针

b. 落针

图 3-148 绉绣过程

3. 绉绣

绉绣具有明显的立体浮雕效果。由于在绣的过程中以起褶为主，所以用绉绣作为装饰纹样绣于服装上显得更加厚实。如图 3-147 所示为绉绣绣片，其图案相比其他刺绣工艺更加显得厚重。绉绣制作耗时，工艺较为繁复，一般只用于盛装。绉绣的主要装饰部位集中在盛装的袖部，作为主图装饰。绣制时多用红缎子作为底布，图案一般以绿色为主，对比鲜明。这种绣技使图案呈现很强的立体感和浮雕感，显得粗犷、浑厚、古朴，衣饰经久耐用，又具有浓烈的艺术表现力，但耗时、费线费工。

绉绣的制作前期与辫绣相似，先用手工将多根丝线编织成辫带，然后根据图案轮廓由外至内走向，将辫带褶皱成许多小折。绣制时将辫带一段与底部贴合，一段起褶，来回重复，并按照纹样构图一圈一圈地将辫带盘起来并钉在底布上，形成一个凹凸不平的绣面。用单线穿针，每一小褶皱钉一针，将辫带堆钉在图案上，直至将图案铺满为止。如图 3-148 所示为钉辫带的过程。此技法讲究均匀细密，图案轮廓整齐，配色协调，图案表现力强。贵州台江、雷山苗族盛行这种技法。

4. 贴花绣

"贴花绣"又名贴布绣，主要是依靠彩色布料拼贴形成花饰，特点是纹样粗犷、制作简单。

贴花绣的制作方法：先将要绣制的纹样制成剪纸，贴在绣布上，然后将布略放大一些尺寸后也剪成同样的纹样图案，再将布覆盖在剪纸上，卷边，用线沿轮廓将彩布钉固在底布上。钉固时往往压一条彩边或彩线，起到固定和装饰的双重作用。大多情况下，还要在布上刺绣。贴花绣往往按照设计图需要与多种工艺结合，来完成简洁、多样的装饰图案。（图 3-149）。

贴花绣还可以在硬纸板上裁剪色布，将剪好的色布包边，形成图案。在色布和硬纸板间用棉花絮进行填充，这样做可以使整个绣布看起来更加立体，最后再将包好的色布缝于底布，形成装饰图案。3-150 所示为贴花绣鸟纹绣片，图案装饰效果简洁，纹样形状立体、清晰。

图 3-149 贴花绣几何纹样

图 3-150 贴花绣鸟纹

5. 打籽绣

打籽绣也叫"疙瘩绣""结子绣"。主要采用绒线缠针绕圈形成颗粒状的方法，绣一针成一籽，所以称之为打籽绣。绣纹具有粗犷、浑厚的效果，装饰性很强。最早见于战国，汉以后较为普遍。打籽绣针法简练、厚重，凹凸有致，坚实耐用。打籽绣颗粒结构变化多样，宜大宜小，结构方式也灵活多变，是一种非常实用的针法，所绣绣品有极强的质感，故多用来绣花蕊或绣各种花卉及环形图案。因其用线可细可粗，细线绣出的绣品，犹如细珠铺就，手感极强；粗线绣出的绣品打籽粒粒见珠，犹如彩珠串绣而成，除富于感观别致外又极富艺术效果。

打籽绣是在绣面形成一颗颗具有实体颗粒感的"籽"，远看是一个面，近看颗粒感很强，如图 3-151 所示打籽绣纹样，绣面由很多丝线结组成。打籽绣主要运用于盛装的衣领、两肩和袖部的刺绣花纹及胸口花纹的装饰，常与绞绣结合使用，花纹外部轮廓线以绞绣勾勒，内部图案以打籽绣填充。

图 3-151 打籽绣花纹

打籽绣的绣法是将绣针在绣布正面入针又出针，针尾和针前部都露在绣面上，然后在针前部将绣线缠绕几圈后拉针，形成一个"籽"。打籽绣绣制图案看似一个面，实则是很多具有实体感的籽。图 3-152 所示为打籽绣制作过程示意图。

6. 堆绣

堆绣也叫叠绣，是一种较为复杂、费工耗时的绣技工艺。它最大的特点是所用材料不是以线为主而是以绸布为主，看起来像鱼鳞一样，层层叠加的小三角形被缝制在一起，具有厚重的实体感和空间感。堆绣主要用于盛装装饰，苗族妇女用各种彩色的小三角形组成装饰花边，用来制作盛装的衣袖和盛装主图旁边的装饰图案，与身上的银饰互相搭配，相得益彰。

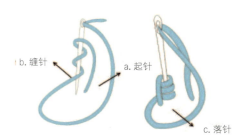

图 3-152 打籽绣过程

制作时，先将各色绸布放在皂角液中浸泡，随后晾晒干，将其剪成约 1 厘米的正方形，接着将小方块对折，以压痕和一边的交点为顶，将两边向下折叠成为带尾的小三角，然后再从图案中心开始，将这些小三角形一层层地向外铺钉在底布上，最后形成图案。成品图案由一个个小尖三角由内向外层层堆叠构成。用皂液浸泡过的彩绸片，挺括、伏贴、平滑、亮泽、防污。堆绣图案有较强的立体感。黔东南地区的苗家人最喜欢采用这种技法。传统苗族堆绣的图案相对固定。图案色彩搭配好，小三角的制作和钉缝均匀且细密的堆绣产品即为佳品。

如图 3-153 所示为堆绣鱼纹，层层相叠、造型简洁，图案具有很强的立体层次感。图 3-154 所示为堆绣过程示意图。

图 3-153 堆绣鱼纹

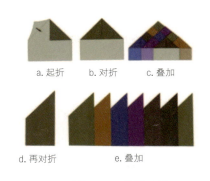

图 3-154 堆绣过程

7. 锁绣

锁绣又叫"辫子绣""拉花",是我国古代最早采用的针法之一,起自商代并传承至今。青海省都兰县热水乡血渭吐蕃墓出土唐代时期黄地宝色绣鞯,它是垫在马鞍下之鞯的残片,以黄绢为地,其上用白、棕、蓝、绿等色,采用锁绣针法绣出艳丽的唐草宝花。在汉代以前,锁绣占据着中国刺绣的主导地位,这种绣法行云流水,极易表现流畅圆润的线条,密集有规则地排列可以形成良好的肌理效果。锁绣的针迹呈链条状结构,与平绣相比具有较高的消光性,反光弱,因此会使色彩显得更厚重,不浮艳。还可以用锁绣表现线条或图案形状的轮廓,可以形成严谨清晰的边线。常常与平绣相搭配,可以取得较好的效果。锁绣简单易学,因此是民间刺绣的常用针法。

锁绣的特点是,远看多为细曲线图形,实则较为结实,适合用于刺绣曲线或者复杂图案边缘的勾勒,也可将其绣纹绣得较为紧密,形成密集的块面纹样。锁绣图案轮廓清晰、牢固耐用、古朴典雅、秀丽大方(图3-155)。锁绣主要用于重大节日庆典时穿着的盛装,主要装饰肩、袖子、衣摆等部位。锁绣看似柔美,实则非常结实,因此也常和其他刺绣工艺搭配用于图案锁边。

图3-155 锁绣太阳花纹

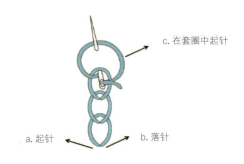

图3-156 锁绣过程

锁绣可用单针单线也可用双针双线,双针双线就是在刺绣时同时使用两根针线,一根针线作为扣而另一根针线作为穿扣扎紧。单针单线是用一根针线在纹样的根端起针和落针,落针的同时将绣线挽成圈状,第二针起针从所挽的套圈中间插针,形成环环紧扣的纹路,轮廓清晰,曲直分明,坚固耐用。如图3-156所示为锁绣制作过程展示。

8. 破线绣

破线绣使用的绣线与其他刺绣所用绣线大不相同,是将普通绣线分裂而成,非常细。破线绣对针脚的整齐度有极高的要求,所以绣出来的绣品绣面光滑平整、色泽艳丽,给人一种雍容华贵、鲜亮细腻的视觉效果。破线绣的纹样写实性很强,非常细腻,但破线绣的牢固性不强,容易毛边。如图3-157所示为破线绣绣片,其破线绣工艺非常精细,绣出的纹样形态逼真。破线绣主要用于嫁衣、庆典盛装,装饰部位集中在盛装袖子、便装前片、背儿带、绣花鞋的主图部位。由于破线绣制作方法考究且不耐磨,所以在绣制时往往与锁绣进行搭配使用。目前市场上有很多号称是"纯天然"苗族服饰，可以通过仔细端详其破线绣方法即可判断其真伪。破线绣可作为鉴别真假苗族手工刺绣的判断依据之一。

进行破线绣时首先要进行破线，即将普通的绣线用手工均分成很多股更细的丝线（如将一根线破成 8～13 根细丝），然后将这些细的丝线穿过夹着皂角液的皂角叶子，这样绣线就会变得平滑且色泽亮丽。破线绣使用的绣线很细，为了使绣出来的图案更加立体饱满，还常常将纸片剪成纸样并置于底布，最后再将加工过的丝线按平绣的技法进行刺绣，且剪好的纸样被包裹在其中。图 3-158 所示为破线过程。

图 3-157 破线绣龙纹

图 3-158 破线过程

9. 数纱绣

数纱绣是苗绣中应用非常广泛的一种绣法，几乎每一支系的苗衣上都有数纱绣的技法，所以在苗区随处可见。数纱绣的特点是成品具有几何感和对称感。

数纱绣是按照面料的经纬纱线方向来绣制图案，所以绣布一定要用经纬线非常明显的自织土布，把绣布上的经纬线当作坐标，计算横向、纵向或斜向的纱数，规则重复运针，绣制出具有几何对称感的图案。数纱绣结构工整有序、讲究对称均衡，图案多为各种几何纹样，精致细腻，视觉上具有明显的空间感。如图 3-159 所示为数纱绣纹样绣片，绣出的纹样几何感非常强。数纱绣主要用于装饰盛装袖口、花带和背儿带等。数纱绣常以黑色或白色粗麻布为底布，用彩色绣线缝制，其图案线迹分明、轮廓清晰。

数纱绣分平挑和十字挑花两种。在苗族绣法中挑花最易识别，针脚松散的挑花绣的经纬方向的十字较为稀疏，所以底布颜色往往外露，画面形成双层的机理感；针脚较为紧凑的挑花形成的图形则较为圆润丰满，有厚重的体积感。挑花一般从布的中央开始起针，然后向两边或四周延续。它讲究图案的对称、整齐、布局巧妙。绣制者先要对整个图案进行构思后才进行绣制。这种绣法一般没有图案纸样，绣制者的创作空间很大，所以在挑花绣品中几乎没有相同的花样。它在少数民族和汉族日常服饰作品中均可见。

（1）平挑是沿面料经纬线方向进行平行绣制，不做任何交叉，也不做任何重叠。如图 3-160 所示为数纱绣的平挑刺绣过程展示，左边为正面效果图，右边为背面效果图。

（2）十字挑花是根据绣布的经线和纬线结构呈横竖十字交叉的绣制，是传统苗绣中普遍采用的一种针法。这种技法就是在布的经纬线上将彩线挑绣成大小均匀的"十"字，再由一个个的小"十"字为基本构成单位，按定式排列组成整体图案。

图 3-159 数纱绣几何纹

图 3-160 数纱绣过程

十字挑花绣，得名于其"十字形"针法，其针脚较大，通常以纯色的棉、麻、丝布为底布，经纬针构成"十字花"。绣娘根据构想的形象以十字为"单位"，在已描绘的图形上对照坐标进行绘制，是典型的点、线、面构成，以色块拼接后形成完整的图形。由于地区、材料和审美的差异性，所以最终的绣花效果大不相同（图 3-161）。

图 3-161 十字挑花绣片

10. 绞绣

绞绣的特点是呈现出来的图案线条流畅，层次清晰，具有动感。如图 3-162 所示为绞绣纹样绣片，绣成的图案挺括饱满。绞绣主要用于盛装，具体的装饰部位以肩部、袖部、衣摆等为主。绞绣在使用时常与打籽绣进行组合，绞绣擅长勾勒图案外部轮廓线，而打籽绣用很多小"籽"将图案填充，这样使图案更加丰富。

在制作绞绣时要用两根针同时进行，其中一根针线作为钉扣，另一根针线作为缠线。缠线是用 2 或 3 根细丝线进行捻合。绣制时先将钉线针和缠针线同时从绣面背面入针，然后将缠针线在钉针线上缠绕一圈并提出钉针线，再将钉针线从绣面入针，将绞线圈钉在绣面上；如此反复，铺满整个绣面，绞绣绣法也有浮雕效果。图 3-163 所示为缠线过程示意图。

11. 锡绣

锡绣和其他刺绣工艺不同，它不是用一般绣线材料，而是用金属"锡"来做绣线。用锡绣绣制成的服饰具有金属质感，炫彩夺目。如图 3-164 所示为锡绣纹样绣片，用金属锡绣成，富有质感。锡绣主要用在盛装上衣前后两块围腰主要位置，由于其色泽亮丽，因此将其大片面积刺绣装饰在服装上会显得璀璨夺目。

锡绣的图案一般是相对固定的几种几何图案，如"万"字纹或"寿"字纹等。刺绣时依据底布的经纬线数纱对称布局，做工复杂，是贵州剑河地区苗家人独有的技法。

锡绣的具体做法是：先将薄锡片剪成宽约 2 毫米的锡片条，条头剪成尖角，并将条头卷边形成钩状；然后用丝线（一般为黑色或深色）根据图案布局在底布上按定式钉成一个个线套；最后用已制好的小锡钩钩住线套，将锡条卷合，用剪刀将锡条剪断后，压实绣布上的小锡条，使之成为一个小锡粒，一个个按定式排列的小锡粒构成锡绣图案。

锡绣技法讲究图案的整体布局是否整齐、对称，锡粒制作是否细致，钉绣是否均匀整齐，细密。这种技法做成的绣品以"匀""软""坠"为佳品。锡绣与数纱绣结合，形成一种深底银花的效果。锡绣在制作时一般以黑色布为底，搭配银色的锡片形成花纹，其色彩对比鲜明，装饰感强。如图 3-165 所示为锡绣过程展示图。

苗族服饰刺绣工艺中每一种刺绣工艺都有其不同的绣法，用其刺绣的纹样也各具特色。苗族盛装服饰刺绣不仅装饰感强，其实用性也很强。在其服装的使用上常以绉绣、辫绣、打籽绣、锁绣、绞绣、数纱绣等工艺较为繁复的刺绣工艺使用在盛装上，且绉绣、辫绣、打籽绣、这几种绣制的纹样较为厚实耐用的刺绣工艺往往装饰在衣领、肩部、袖部这些易于磨损的地方。其次，破线绣、平绣这两种刺绣工艺绣出的纹样较为精美，则往往使用在盛装衣身和围腰及飘带裙

图 3-162 绞绣花纹

图 3-163 绞绣过程

图 3-164 锡绣纹

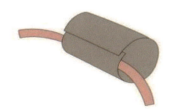

图 3-165 锡绣过程

上或便装胸前。

苗族服装传统习惯是在黑色底料上刺绣五色花纹。无论衣袖、围裙、裤边，还是头帕、鞋面、童帽，几乎都兴以黑色作衬底，在黑底上绣出红花绿草、青龙黄雀，色彩对比强烈且注重在强烈对比之中取得和谐的色彩美，形成一种既古朴又绚丽明艳的效果。其与楚、汉刺绣艺术梦幻般的色彩相近。

总之，纵观苗族刺绣艺术，造型奇特、神秘诡谲，充满无拘无束的想象。它纹饰飞扬流动，色彩艳丽丰富，对比强烈而又整体和谐，具有典型浓郁古朴的艺术特色。

四、银饰工艺

在苗族服饰的各种装饰工艺中，最为典型的就是银饰制作工艺。有些地方整个村子的村民都是以打制银饰为生，比如雷山县控拜村，他们制作银饰的工艺都非常精湛。对于苗族来说，制作银饰和学习刺绣一样。如果说刺绣是当地妇女一生的必修课，那么银饰制作技艺则是男性一生的必修课。银饰制作工艺非常复杂，以下是对银饰制作工艺的简要梳理。

①铸炼。将银料放在坩埚里，坩埚放在风箱吹动的火炉上，并将银料盖好。银匠通过拉动风箱鼓风使火炉升温，将银料全部溶化成液体，然后把液体银料倒在卡条状的钢槽内，待其凝固。

②锤打。先将还未冷却的银锤打紧实，然后将银捶打成方形长条，最后将银条捶打成直径为毫米大小的柱状细条。

③拉丝。将捶打好的柱状银条用锉子做好尖头成为导角，抹上煤油灯润滑剂，再用拉丝眼板反复地手工拉丝（拉丝眼板有很多直径不同的眼孔），最终将柱状细银条拉成很细的银丝。

④搓丝。将拉好的细银丝放置在一起，用木质滚条将银丝线搓在一起，使银丝具有独特的纹路和韧性。

⑤掐丝。将搓好的银丝掐出不同的图案，然后嵌入准备好的银丝框内。

⑥镶嵌。将打磨好的银珠放在需要镶嵌的部位，然后用焊枪进行整体加热。加热时需要严格控制温度，若温度高则容易熔断银丝，若温度低则会镶嵌不牢固。

⑦洗涤。银匠们用明矾或酸草来煮银饰品。先用高温将其煮沸，去除污渍，然后再用清水将银饰品表面洗涤干净，最后用铜刷刷亮。

银饰是苗族整体形象的重要部分，而非一般意义上的辅助配饰。金属饰品与纺织品服装相比，因特性不同，其装饰纹样存在较大差异。动物纹样在银饰中的"讲述意义"要高于植物等类别纹样，基本上都是一些特定的民族文化符号，或多或少地出现在苗族的历史中或宗教信仰中而被铭记至今。众所周知，巫文化主宰了苗族银饰的精神内涵，在各种银饰图案中，寓含着巫术、信仰的图像占据装饰物的主要位置[1]。因此，如龙、蝴蝶、鸟、鱼、蛇等带有崇拜色彩的图腾出现在苗族银饰中不足为奇。与纺织品服饰中被抽象化、几何化、艺术化的

[1] 宛志贤. 苗族银饰[M]. 贵阳：贵州民族出版社，2004.

图案相比，银饰中的动物纹样主要以尽可能写实的方式进行描绘，如银角、银帽中的对凤、对龙、麒麟等。

项圈和手镯等银饰中的人和动物纹的结合是比较有特色的，如龙头与蛇身、牛头与龙头、龙头与鱼身的组合。这些纹样与纺织品纹样所表达的信仰和情感一样，寓意佑护天下、繁衍生息。在长期与汉族交往的过程中，苗族的审美难免会受到汉族生活方式的影响，包括银饰中的纹样描绘方式，与汉族有较多重叠，如龙、麒麟等神兽主要遵循和延续了汉族传统的形象和主题。如图 3-166 所示，双龙戏珠中的龙鳞、龙须、龙爪齐全，其形象翻云覆雨，栩栩如生，表达追求美好生活；图 3-167 所示为麒麟送子，集龙鳞、狮头、牛尾于一身，虽形象凶猛但可保子嗣平安。

图 3-166 双龙戏珠纹样　　　　　　　　　图 3-167 麒麟送子纹样

在苗族银饰中图案的构图主要以曲线表现的写实纹样为多数，几何形状的轮廓和装饰纹样则相对较少。这不仅是创作者的个人喜好的选择，还更多是由金属所具有的物理属性决定的。用银打造的饰品所具有的锋利、硬朗、闪耀等特点是与生俱来的。设想将与人体直接产生接触的银帽和项圈等炼造成有尖角的几何形体，不仅会带来容易划伤人的危险，而且若以同样的几何纹样应用于整个画面，则将会缺少女性与生俱来的柔情和灵动，女性气息会大打折扣，与苗族女性气质无法达到高度吻合。但金属饰品中的几何纹样和形状在苗族女性盛装中的出现不是少数，仔细端详便可发现，这些形状的银片皆缝缀在纺织服饰品上，金属片的直角直接对应于衣服的直角。从苗族银饰形状和纹样特点中可看到的，不只是历史传说中的神话故事、图腾崇拜，还有苗族人对艺术与技术的科学实践结合中所体现的勤劳与智慧。

第五节　苗族服饰之色彩

　　色彩是构成美的形式的重要因素之一。人类对色彩的感知、运用及欣赏，是一个极为复杂的审美现象。对于现代设计来说，民族服饰色彩体系是一种极其宝贵的财富。在人类有史以来的生产实践中，色彩由于其本身的审美特征与人类社会活动有着特殊关系，其本身也由此被赋予了形形色色的文化含义。更为引人注目的是，由于人类文化的复杂性与差异性，人们对于同一色彩的审美也往往不尽相同。概而言之，就同一色彩来讲，这种差异既表现在风格迥异的不同民族审美视域之中，又体现于同一民族悠远绵长的历史时期之上。民族服饰文化中的色彩作为历史文化的结晶被传承下来，蕴含着一个民族更深层次文化底蕴与美学精神，并且深深地影响了人们的生活习俗和用色习惯。几千年以来被传承的色彩体系如黑、红、黄、绿等颜色成了现代人用色的参考标准。苗族不但历史悠久，而且支系也繁多，其服饰的丰富多彩构成了色彩斑斓的美丽世界。特别是苗绣图案，作为苗族历史文化的一个重要载体，在不同的故事背景下其刺绣色彩丰富多样。

一、主色调

　　色彩在大千世界里无处不在。赤、橙、黄、绿、青、蓝、紫，组成了七彩世界，如金色的阳光、蓝色的大海、枯黄的沙漠、绿野无边的草原、斑斓的鸟羽等，在这些物象的纹理组织和色彩关系中蕴藏着有趣且奇妙的装饰价值。可以说，色彩是影响物体印象的主要因素。

　　色彩是世界性的，因为它抒发的情感是互通的。然而它又极具个性，因为它所表现的象征意义与不同地区的地域文化有关。服饰中的色彩也体现了它的世界性和个性。一方面通过对自然环境所呈现色彩的魅力来体现其价值，另一方面由于不同民族的生存环境、历史文化的不同，他们对色彩的感知和认知又有着各自不同的语言。

　　苗族分布广，支系繁多，甚至以其穿着的服饰颜色命名为"红苗""黑苗""白苗""青苗"和"花苗"等。苗族服饰的衣料用色非常大胆、丰富。有的支系服饰色彩鲜艳明朗，有的古朴沉着。服饰色彩，有的体现在衣裙上，有的体现在刺绣、织锦纹样上，还有因各自居住的地理环境不同而变化的。在苗族服饰中，一般是在青色、黑色、红色、白色的底色上，于衣领、襟边、胸兜、袖口、底边等处配以色彩斑斓的花纹装饰，装饰色彩主要有绿色、黄色、白色、红色等。总体来看，苗族服饰色彩纯度高，在单色服装上绣红色、绿色、黄色、蓝色的图案较多。这与民族传统染料有关，因为传统染料是植物染料或矿物染料，用其染出来的色彩比较鲜艳。

　　不同的颜色会给人以不同的感觉。人们常说红色代表热情，黑色代表沉稳，白色代表素净，绿色代表清新等。苗族服饰不能以单一色彩来定性其色彩特色，需要从多角度和多方位进行分析。早在《后汉书·南蛮传》中就有对苗族先民"好五色衣"的记载。从众多苗族服饰中不难看到，苗族喜欢用红、黑、黄、绿、蓝五种颜色，而且经常多色映衬。苗族人长期生活在群山环抱的环境中，每日见到的都是鲜艳的花草、翱翔的鸟儿，听到的都是潺潺的水声与清澈的山歌，这些自然而然地成了在苗族妇女们构思服装纹样时的主题，造就了苗族服饰纹样形制特点和色彩特点。苗族服饰色彩是苗族人性格的真实写照，淳朴、干脆、爽朗。色彩在苗族社会中是"作为一种民族风俗出现的，是历史文化心理积淀的结果，并成为民族文化的一个组成部分。它全身浸透了普通语言和行为不便或不能表达的意义"[1]。

以黔东南苗族侗族自治州大塘、永乐为代表的桃江式苗族服装中的色彩比其他苗族支系使用得更多（图3-168），颜色搭配大胆，在深色素布上将色块有规律地排列起来，从不排斥近似色和对比色之间的组合使用。如黄色和紫色、蓝色和橙色、红色和绿色，这种在色相环中相差120°～180°的颜色一起使用，给人强烈的对比感、跳跃感；如朱红色和橘黄色、蓝色和绿色，这种在色相环中相距90°左右的邻近色组合使用，则会呈现出相对柔和、雅致的视觉效果。在桃江式苗族服饰中虽大胆使用多种颜色但却没有任何不和谐之感、违背规律之感，原因有二：其一，虽色彩繁多但形状规整，虽对比强烈但在服饰图案中支撑内容、细节、

图3-168 大胆的色彩搭配

风格的骨架有极强的组织和纪律性；其二，纯素的底色调和了整个画面的和谐度，活泼的元素在深素色的背景下沉稳下来，观感上容易接受，构成了苗族独特的色彩使用特点。

在刺绣图案的色彩搭配上，背景与纹样的造型产生鲜明的反差，使得画面更具冲击力。如果底布是红色，那么绣线通常会选择绿色对比，如图3-169所示，在红色底布上大部分刺绣色彩是绿色。这种色彩的对比，突出了图案的视觉效果。如果底布颜色比较浅或者偏冷，那么刺绣图案的颜色就要丰富多彩，用色也会相对自由，但依旧会保持色彩对比的搭配。

[1] 朱净宇，李家泉. 少数民族色彩语言揭秘 [M]. 昆明：云南人民出版社，1993.

在苗绣中不仅会运用色彩高对比，还会在色彩表达上采用渐变手法，如不同的色相间逐级渐变，又或者是同一种颜色之间的明度和纯度的渐变。如图 3-170 所示，鸟儿和花朵的色彩都运用了色彩渐变，尤以鸟儿羽翼采用了不同的色彩进行渐变（粉色、绿色、蓝色三种颜色分别渐变），使羽翼变得栩栩如生，充满着生命的气息。花朵和叶子也采用了渐变手法，有的由深至浅，有的由浅至深，深深浅浅地使得画面十分和谐，充满韵味。

图 3-169 红底绿色刺绣　　　　　　　　　　图 3-170 苗绣渐变刺绣

苗族服饰色彩在不同场合、不同人物的色彩搭配上都有着区别。从对比色彩种类上看大体可分为两种，即艳丽和朴素。从年龄上看，一种是艳丽、热烈的颜色，适合青年人，多以红色为底，用紫色、黄色、桃红色等鲜艳的颜色来表现青春的活力（图 3-171）；另一种是淡雅、素净的颜色，适合中老年人，多以暗色为底，用简洁素雅的图案点缀，显得随年纪和经验的增加而越来越来沉着（图 3-172）。从男女性别的角度来看，男人的服装颜色比较沉着朴素，而女人的服装颜色则比较鲜艳。从生活场景上看，参加节日习俗的服装色彩会鲜艳，而日常生活装却比较朴素。这充分体现了苗族运用色彩的习惯特征以及对色彩对比方面的深刻认识和掌握。

图 3-171 苗绣艳丽的色彩搭配　　　　　　　图 3-172 苗绣素雅的色彩搭配

黑色和红色是少数民族装饰色彩中出现率最高的色彩，在苗族服饰中也拥有独特的审美特征。苗族先民在适应自然环境的过程中，体现了很高的适应性，他们善于把服饰制成自然本色。古代苗族人以农、牧、狩猎为生。在农业生产、狩猎、放牧的过程中，他们发现黑色、蓝色的服饰不仅耐脏，适合劳作，而且减少了因洗衣服而产生对水源的依赖，在狩猎过程中还能比较好地把自己隐蔽在绵延幽暗的大森林之中[1]。同时他们发现，遇到外敌时因为黑色与自然色相近，隐蔽性也很好，久而久之，其审美偏好倾向于黑色、蓝色。此外，服饰的颜色也是人们接近自然、模仿自然的一种重要方式。在万物有灵的观念下，苗族先民将自然进行人格化。他们认为自然与人可以相通，于是他们把自己服饰装扮成自然本色，意在加强与自然的沟通。他们认为模仿自然的打扮就是亲近自然，自然也更容易接纳他们。

黑色属于无彩色，具有强大的调和性和适应性。黑色对与之相配色彩的展现，有突出作用，这种无限宽容性使它具有深邃的魅力。中国很多少数民族都有"尚黑"习俗，苗族同胞更是将黑色与高尚、庄重等品格联系在一起，表现出精神世界在现实世界中的一种物化反映出的服饰语言。

贵州黔东南地区是苗族人相对较多的地区，当地苗族人喜爱黑色服饰，有"黑苗"之说。黑色承袭最原始的色彩感知，是夜晚天空的颜色，夜幕下的山林、土地、房屋、牲畜等披覆着这浓重的黑色。苗族人将这种色彩赋予勇敢、坚毅的意义，代表着克服困难的强大力量，象征着苗族人民对美好生活的不懈追求和不怕万难、勇敢无畏的精神。

红色，位于五色之首，是中国人最喜爱的颜色之一。在最初的原始色彩感知中，红色是血液和生命的象征。红色不仅具有物理的本质属性，还有着较其他颜色更为丰富的文化内涵。即使是现在，红色还是火焰的象征，使人联想到温暖、阳光和力量等。红色彰显个性，突出主色调。用红色来实现"装饰点缀""画龙点睛"效果，是服装设计师在设计服装时必须把握的基本要素。

在很多苗族支系的服饰中，红色系的花卉和蝴蝶图案被绘制在黑色底布上，它们盛开和飞舞在群山环抱的环境中，传递出不畏惧、不退缩的积极正能量，是苗族人将美好的生活愿景与服饰相融合的经典案例。苗族人喜红色与其民族图腾崇拜不无关系。在他们眼中红色代表太阳和火。太阳普照大地，扫除黑暗，提供给万物生存所需的光和热。更有苗族经典的"太阳鼓"，被视为神明的化身，可辟邪驱魔，保佑寨子人丁兴旺、五谷丰登，给人们带来祥和平安。苗族人逢年过节的祭祀活动总是少不了太阳纹。在民间故事中太阳火是让人起死回生、重获生命的图腾。

在苗族服饰上往往绣满色彩鲜艳的丰富纹样，其色彩运用大胆，从不排斥对比色的组合使用，尤其是在黑色的底布上运用活泼跳跃的色彩，形成鲜明的对比，使得纹样更加出众。

二、色彩使用特征

在苗族服饰中使用的色彩在色相、明度、纯度以及面积大小、调和方式上都有着独特的使用技法和特征。下面以雷山长裙苗服饰为案例具体分析。

1. 色相

苗族服饰的色彩色相非常丰富，常见的颜色有黑、藏青、紫、大红、玫红、粉、黄、亮

---

[1] 谢仁生. 西南少数民族传统生态伦理思想研究 [M]. 北京：中国社会科学出版社，2019.

黄、翠绿、橄榄绿、湖蓝、白等色。在长裙苗的女性盛装中使用颜色最多的部位是飘带裙，在飘带裙上刺绣花、草、鱼、虫等各种图案，每一个图案由各种颜色构成，如有粉色的花、银灰色的鱼、黄色的蝴蝶、绿色的青蛙等，其色相非常丰富。如图3-173所示，从雷山的长裙苗女性盛装飘带裙的色彩提取中可看出，其色彩非常丰富，在色彩搭配上以大面积的紫黑色作为底布的背景色，小面积的红、绿、黄等高明度和高彩度的色彩作为点缀，整条裙子看起来非常精美，有强烈的视觉效果。

图 3-173 苗族飘带裙色相提取图

2. 明度

苗族服饰的色彩明度大都在中低明度区，少量的高明度色彩点缀。这源于染布的染料来自于色度低的天然材料，很多服饰实物显示，近代实用化学染料之前都是低明度服饰面料。苗族服饰中除了刺绣用的丝线色彩斑斓，其服饰的底色一般都是低明度的土布。在雷山长裙苗女性服饰上衣、百褶裙都是土布做的。

3. 彩度

雷山长裙苗服饰的彩度大部分为中低区域，用小部分高彩度点缀，再加上以多种色相结合使用，使整个服饰看起来绚丽多彩，鲜亮而又不耀眼。在其女性盛装的上衣中就多以黑色、藏青色为主，搭配大红、黄、绿、湖蓝等颜色作为点缀，使整个服装看起来雍容华贵。

4. 色彩面积

苗服饰中的色彩面积分布上以深色为大面积，将高彩度和高明度的色彩以小面积使用，以提亮。就雷山长裙苗女性盛装而言，其服饰往往以深色为整套服饰的大面积色彩，以高明度和彩度的颜色作为点缀，深色和彩色的不同比例结合使整套服装沉稳而又不失活力。这些不同的颜色在明度和彩度的选择上都不相同，互相搭配的效果更是变幻无穷。

5. 色彩对比方法

雷山长裙苗服饰色彩都是以较为强烈的对比色搭配，如色相对比、彩度对比、明度对比等，使服装的装饰效果更加强烈。如图3-174所示，在雷山长裙苗服饰中红花一定是配绿叶的，这体现出当地人喜爱、尊重自然的思想，但当地人也不会将红花绿叶作为服饰的主要装饰，往往都只会小面积使用，这就体现出了苗族人的形式美感，因此他们的服装华丽而不失雅致。

图 3-174 色彩对比图

6. 色彩调和方法

雷山长裙苗服饰的色彩调和常是以大面积低明度、低彩度的色彩为背景色，各部分小面积鲜艳色彩在背景色的隔离下，使它们看起来色彩缤纷但又不刺眼。在应用色彩时也往往以明度渐变和彩度渐变为主，使得整个服装色彩看起来非常有秩序感（图 3-175）。

图 3-175 色彩调和图

苗族服饰中体现的传统色彩出于对吉祥等意念的表述与象征，与特定的图案相配合，呈现出热烈明快的色彩风格，形成了以艳丽为美的审美表现特征。同时，苗族传统色彩既追求强烈明快、喜形于色的对比，又讲究色彩的和谐统一，色彩的整体效果既艳丽明快又赏心悦目。

苗族传统色彩观念在遵照历史和传统的前提下，用色讲究视觉意味，重视色彩的心理效果，强调色彩的象征寓意性，同时又讲究色彩视觉美感效果；就其文化内涵而言，传统艺术在使用色彩方面重精神而轻于形式，色彩设计是一种文化，它的创造性决定它的生命力，而这种创造性的价值有很重要的一方面是体现在与传统的对比上。传统并非一成不变，其中的积极因素与现代的色彩文化特征相结合，成为创造新生活的设计依据。

第四章

苗族服饰元素时尚创新转化

随着世界的全面信息化，人类的生活方式、思想意识发生了重大的改变。人们从生存的压力中解放出来，将更多的精力投入到学习、休闲、旅游、运动等，也有更多的闲暇时间了解艺术、参与时尚。人们的审美素质有了全面提高。在服装领域，人们追求服装的舒适、时尚、合体、方便。所以，提供多元化的产品供人们选择，比以往任何时代都显得更为迫切与必要。这对设计师的素质、能力是新的挑战，同时也为设计师提供了更为广阔的创意空间。运用民族元素的设计带来多样的、丰富的、浪漫的、个性化的、装饰性的、变化多端的服饰特征，这些正迎合了当代人们对新时尚的追求。所以，民族元素备受时尚界的关注，世界各地都有不少设计师热衷于民族元素的时尚应用，每个季度都有相关新作品发布，且受到消费者的青睐。可以说设计的多元化时代到来了。

第一节　苗族服饰元素时尚设计实例

"中国民族元素"的设计风格也可以称之为"中国风"，其在中国时尚舞台上乃至国际时尚舞台上由来已久，其风靡于国际的历史至少可以追溯到18世纪。风靡于18世纪的中国风带给世界一股别样的东方神秘风情，并在20世纪下半叶愈演愈烈。而近年来随着国家经济实力及国际地位的提高，人们的民族自豪感得到了大幅的提升，更是把这一风尚推到了高峰。越来越多的国人开始关注带有本民族文化元素的设计，相应也诞生出一批关注并且善于演绎这一设计风格的服装设计师。这些优秀的设计师们以独特的视角及文化素养和审美对这些传统民族元素进行了重新演绎，他们运用不同的设计手法在服饰元素、文化元素、色彩元素等方面诠释出了当下中国民族元素与时尚服装设计的新结合。

苗族服饰文化是中华民族深厚且灿烂的民族文化中的一抹靓丽风景，带有典型的民族风情和地域特征，虽然历经了几千年的变革迁徙，但依然保持着其独立的民族性和个性的民族特点。苗族服饰文化不仅仅是中华文明的结晶，同样也是世界文化历史长河中的宝贵财富，更是现代创意服装设计的创意源泉。国内外的设计师们常常通过取"形"、延"意"、传"神"的设计方法，从苗族服饰中汲取灵感，巧妙地提取并采用了苗族服饰元素的特点，继而设计制作出了许多现代时尚服饰，使得苗族服饰元素在国内外各大秀场上大放异彩。虽然在浩瀚的古今优秀设计案例宝库中，若仅仅挑选出几件典型案例来讲解，则难免会有挂一漏万。但因本书篇幅所限，所以这里仅针对下述个别案例做一个简要分析，希望能够起到抛砖引玉的作用。

一、苗族传统技艺的时尚表达

传统的民族服饰技艺是民族历史文化中辉煌灿烂的一页。即使历经岁月变迁，到科学技术高度发展的今天，民族传统服饰的印染、刺绣、亮布以及图案仍有借鉴意义。国内外众多的设计师将苗族传统的印染艺术与现代时尚设计相结合，创造出无数令人叹为观止的艺术作品，使得民族服饰印染技艺又焕发出新的生命力。纵观近几年的秀场，许多运用苗族印染技艺的作品大放异彩。

1. 苗族扎染的创意设计

在图 4-1 所示服装设计中运用了多个苗族服饰元素，其中着重于扎染及颜色渐变的效果，体现了对传统染织技法的回归，呈现出了复古倾向和对传统技法的延续。模特身着荧光橄榄绿色系百褶连衣裙，一字领，上半身为修身设计并呈现出捆绑的效果，层次感极强，下半身为超短褶皱裙，运用扎染工艺以深浅绿融合呈现出渐变效果，其不同颜色之间过渡自然、相互交融、和谐美妙。因为选用的布料质地轻薄，所以人走动起来时裙角飞扬，整体效果轻盈飘逸。在模特演绎得性感妩媚又充满生机活力的形象中，苗族的百褶裙及扎染工艺被展现得淋漓尽致。

苗族扎染在此案例的时尚设计运用中有这样几个亮点。首先，将扎染的晕染效果运用在创新性表达中。扎染的色彩魅力就是表现出的最能吸引人之处的晕层效果。设计师在利用扎染元素时很好地将这种优势运用在了服装创意设计上。其次，巧妙地利用了调和色。所谓调和色是指两种或多种颜色有秩序地组合在一起，使人产生愉悦与舒适感的搭配关系。设计师在进行设计时将有显著区别的颜色进行了合理布局，从而实现浑然天成的设计美效果。最后，利用扎染呈现出了独特图案，作为整套服装搭配的亮点。搭配时注重使用扎染色彩的面积比例以及位置安排。扎染花色的加入，提升了整体服装的搭配效果，增强了时尚感。

2. 苗族蜡染的创意设计

苗族蜡染是最常见的、最能代表苗族服饰元素的装饰工艺，多以靛蓝为主色，蓝、白两色交融。品牌服装"例外"在开发苗系列时，借鉴苗族蜡染纹样和工艺特色，呈现了自然、时尚的视觉效果。它不仅从苗族蜡染中提取经典苗族纹样，还刻意保留蜡染中自然形成的深浅斑驳肌理效果，通过印花技术还原了蜡染的纹理和纹样视觉，充分体现了苗族服饰元素中自然质朴的理念。如 2017 年的秋冬苗系列设计（图 4-2），便塑造了对称性极强的方块式几何边线，加

图 4-1 Bulmarine 2010 春季成衣[1]

---

[1] 来源：https://www.vogue.com/fashion-shows/spring-2010-ready-to-wear/blumarine.

入别出心裁的留白，让观者感受到了蜡染原有的气息和独特的节奏感。此次设计通过现代设计美学，把独特的苗族元素解构与创新，呈现了女性的知性优雅、干练洒脱的一面。"例外"以衣为媒，向消费者展示了当代时尚通过民族服饰元素的运用，创造出了既有古朴韵味又充满摩登气息的服饰。

图 4-2　2017 年"例外"女装[1]

从苗族亲近自然、敬畏自然的生活态度中吸取设计理念，以传统印染技艺为设计灵感，与当今时尚融合，设计出满足人们需求的温暖舒适、朴素自然的现代时尚服饰。这对打造中国民族服饰品牌具有重要的意义，同时也是弘扬中国文化的一种有效途径。

3. 苗族刺绣的创意设计

数十种的刺绣技法述说着苗族的悠久历史文化和苗族人的审美情感。在优衣库与宋庆龄基金会开展的"传承新生"的湘西苗绣扶贫项目中，五位设计师分别大胆创新，对苗绣传统图案重新赋予了更多的生命力和美感。五种图案代表着"奋进、凝聚、融合、新生、母爱"，象征积极的力量（图 4-3、图 4-4）。

图 4-3 苗绣布贴　　　　　　　　　　　　　图 4-4 苗绣布贴帆布包

---

[1]　例外 2017 秋季苗系列上新——纹样密码 [EB/OL]. 2017-08-14. https://www.sohu.com/a/164579544_715147

此设计产品，以文创产品"布贴"的形式在优衣库店里进行售卖，赢得了消费群体的青睐。消费者在购买优衣库品牌服装后，可兑换 5 个布贴，可以将其贴在衣服、帆布包等物品上作装饰。这切实将传统文化元素融入了人们实际的生活中。

二、苗族文化符号的时尚表达

符号是意义的承载体，也是精神外化的表现方式，具有能被人感知的客观属性。不同的文化往往是通过其外露的不同符号来表现的，并在人类历史中得以传播与继承。可以说，民族文化元素是一种历史符号。正是由于符号的产生和运用，才使得文化源远流长，不断发展变化。反过来说，如果没有符号作为媒介，就没有文化，也就没有文化的传承和创造。

随着科技与文化的不断发展，符号所表现的内容也越丰富。民族服饰既是一种功能符号，又是一种艺术符号。服饰符号具有多义性，同样一种符号在不同的服饰中有不同的寓意。民族文化元素在依托时尚设计的当代建构中，以"符号"形式对接，也正是将民族文化符号作为有特定意义的形式，对接当代时尚，应用于当代。

在服装设计、面料设计等服装美学的时尚表达中，运用最多的无疑是符号语言。虽然当代设计艺术有很多新的设计概念和设计形式，但对民族传统文化的学习和借鉴是每一位设计师不容小觑的课题。中国民族服饰其独特的造型、色彩、图案、工艺细节是值得现代人学习和借鉴的。其中有很多元素以图案为具体表现形式给当今服装设计者提供了丰富的灵感源泉与设计思维。

例如，凤纹是中国具有代表性的传统装饰纹样，在我国具有悠久的历史和广泛的情感认同。大到屋舍宫宇，小到裙边针脚缝隙间，凤纹在中国人的日常生活中无处不在。经过漫长的发展，凤纹逐渐成为各种鸟禽优美特征的集合体，成为具有中国特色的艺术纹样，并在不同的民族、不同的历史时期呈现出不同的特征。凤纹以多变的形态、吉祥的寓意，也成为服饰装饰中不可缺少的纹样。沈从文先生的《龙凤艺术》一文曾这样描述凤的民俗寓意："被人民和当时贵族统治者当成吉祥幸福的象征和爱情的比喻也来源已久，早可到三千年前，至迟也有两千七八百年。"实际上，凤纹作为服饰上的一种装饰纹样，从产生到成熟，经历了一个漫长的过程。江陵马山楚墓出土的战国中晚期服饰品中，便有一批服装绣有栩栩如生的凤纹形象，其形态继承与发扬了商时期器物上凤纹的中规风格，但又简化了繁杂的形态，提取出了较为抽象的凤纹。大多数的凤鸟图案或简化或夸张，但头部和双翅的特征依然可以辨识，其凤鸟的形象有正面也有侧面，动作或飞翔奔跑、或追逐嬉戏、或昂首鸣叫、或顾盼生情，表现出了凤鸟的百样风姿。其纹样华丽、构思巧妙、绣工精细、色彩艳丽，给人以强烈的震撼感。

随着历史的演进，凤文化的象征意义也逐渐失去了神秘色彩的外衣，以一种亲切、美好、自由的形象来表达着人们的种种理想和希望，并作为祥和吉庆的象征，其造型也发生了千姿百态的变化。悠久的中华民族历史中，每一个朝代不同的民族对凤鸟的理解和表达有所不同，并衍生出了具有相似内涵的其他鸟类的视觉表达。特别是对于山居的民族来说，鸟是快乐生活的伙伴儿，鸟纹寄托着她们对生活的美好憧憬。

在苗族服饰中经常看到不同种类的各种造型的鸟纹。这些鸟纹，有的如实模拟，有的想象变形，如锦鸡、喜鹊、麻雀、燕子、斑鸠、鹦鹉、孔雀、鹭鸶等，有的能确认其名，有的则只具有鸟形而分不清是什么类型的鸟。它们多有花草环绕，或张开嘴、或昂首啼鸣、或窃窃私语、或比翼而飞，又或背靠背像吵架的样子，其生动造型类似人类生活的写照。可以说，苗族的鸟崇拜是人文环境、自然环境与经济文化类型决定的。

在苗族中鸟纹有祖先崇拜的意蕴。鸟对苗族是有恩的，特别是鹡宇鸟成了苗族的图腾。苗族服饰中鸟纹的文化象征意义是自然崇拜和祖先远古图腾崇拜符号的记忆遗存。

如2015年"例外"从苗族织锦工艺的鹡宇鸟造型中获得灵感，将其运用在多个服饰品类中，得到了良好的市场效应。鹡宇鸟造型是用经纬线织出来的，本身带有几何形状的线条，具有时尚的视觉效果，很适合现代都市中性审美。"例外"从苗族织锦中提取经典的鹡宇鸟纹样时，还刻意保留其造型特征，与几何形的花卉、树枝藤蔓结合，通过现代化工艺、材料与美学图案设计等当代化手法进行重组再造，让观者感受了当代美感，亦保留了传统纹样的图案寓意，且在整个衣背上绣满纹样，特别具有画面感（图4-5）。近看像花，远观则更像苗族迁徙的足迹，使传统民族服饰符号在当代进发出新的生命力。从穿着舒适性、场合性体验等方面考虑，在宽松的、中长的服饰中应用图案，让具有民族服饰元素的服装有了现代都市化的选择。在色彩上兼顾了传统的颜色与当代配色，用苗族传统的蓝靛色和白色的搭配，给人平和、舒缓的感觉，展现了新时代女性的严谨与干练。

又如，设计师朱崇恽于2022年以"苗"为主题进行的系列设计（图4-6），把苗绣无字史诗的深远意蕴与品牌的大美不言哲学共鸣，用各种变形和夸张的手法及新的工艺去表现了苗族的创世神话和传说，呈现了苗族所独有的艺术风格和刺绣特色，充分表达了苗族传统服饰元素与现代审美的融合。

"苗"系列把苗族图腾以皮革暗纹压花的形式呈现在衣料上，用当代时装强调的极简线条和立体廓形，将传统和现代两者之间以非常自然恰当的方式融合在一起以崭新的方式呈现。用利落的线条、挺阔外形、古风韵味的纯色等多元的方式去表达苗族传统元素，表达了人与自然，舒适自由的热爱和追求。通过朱崇恽的苗系列，我们能看到中国传统文化对现代服装设计创意的启发与思考，二者在极简的东方美学新维度，雅致大气地适合现代都市生活，将传统美学以动态进行时的时代气质传承于当下，呈现出高定

图4-5　2015年"例外"鸟纹服装

时装崭新、长久的美与浪漫。

图 4-6　ZHUCHONGYUN 2022 秋冬 [1]

第二节　苗族服饰时尚设计元素开发

　　苗族人民在历史发展进程中，通过社会生产实践活动，创造了自己的民族服饰，积累了丰富的审美经验，形成了自己独特的服饰文化。苗族服饰美的形成源于多方面因素，它是苗族人们的生活方式、宗教信仰、社会环境与自然环境共同造就的。使用民族特定的服饰美学语言诠释苗族审美内涵，映射出苗族真实的物质社会与精神社会，是苗族人们社会的真实写照。首先，苗族服饰起源最基本的功能是实用功能，通过增加身体表面的覆盖物达到驱寒的作用，是人类最基本生理需求之一，通过遮身覆体，从恶劣的生产生活环境和劳作中保护身体的作用；其次，苗族服装是苗民创造力和生活愿景的集中体现，是在艰苦环境下追求美、创造美的卓越表现，其表现的形象与情感共同构筑了苗族服饰的美学内涵。

　　苗族人拥有的服饰设计制作工艺，加之带有苗族元素的设计成品等，均具有视觉上工艺差别化的优势，并采用不尽相同的天然材料制作，制作成品也常通过自然形成而非人为控制，正好与创意服装独创、个性、新奇及探索未知的特点相互呼应。苗族服饰使用的自然材料和服饰中包含的民族性清晰地传达出我国传统文化中"天人合一"的观点，具有很高的人文价值。

---

[1]　ZHUCHONGYUN 东方女性的静谧之美 [EB/OL].2022-07-21.https://www.sohu.com/a/570026583_121119291

通过提取苗族服饰元素与现代创意服装进行融合，也可使得现代创意服装在表达其时尚感的方式更加特色化、多样化、民俗化，从而是一个时尚发展与文化价值共存的研究。

一、 苗族服饰文化体现的设计美学观念

孕育文化的土壤是其根植的经济基础。构建在农耕文明上的苗族传统文化和设计艺术，伴随着"五谷"的播种与收获在九州大地上生生不息、逐渐自成体系，并随着社会的发展源远流长。万物有灵的信仰作为苗族传统文化的主流力量对民族元素的出现及变迁产生了深远的影响，在这一文化思想的浸润下，形成了苗族民族独特的审美观。万物有灵的思想促成设计对自然美的崇尚，并成为传统设计美学主体精神，而质朴、适宜、简洁、精巧、含蓄、天然、古雅、情趣等美学思想均应归属在自然美的框架下。自然美的生成源于天人合一、阴阳和谐的思想。既然阴阳交合才能化生，那么天地交合也产生出美，这是一种自然之美，是大美。苗族的造物艺术在这种大美的观念滋养下，从选材、形式、工艺到品鉴都是以自然和谐为宗。由此，苗族人不崇尚永恒而崇尚生命的新鲜与和谐。它感叹的是自然，是人为了顺应自然而对自身行为"适度"地把握，是"天人合一"的和谐相处之美，它重视的是人与外界对象内在的、实质的、无为的审美规律，和对艺术的气质、格调、风貌等个性化的人格追求，它体现了人与外部对象之间的超功利的审美关系。

一方面，苗族人是勇敢、聪明、适应性强的民族。从服装的形制和结构上，都可以找到适应自然气候环境的影响，比如，黔西北小花苗创造的披肩，侧缝大开口用来排湿结构，适应着当地高寒潮湿环境；同时也可以看到生产劳动的需求，肩部的加固、袖子高活动量可以减少摩擦、方便劳作。短裙苗族人的绑腿，防止蚊虫、蛇类的伤害等。另一方面，苗族人面对不发达的经济环境时，"大布不割，小布不弃"采用了长方形衣片结构与直线缝合的方式，把小布料也利用到极致，不过多破坏与改变布料，这种敬畏物的行为体现了苗族人对布料的尊重与珍视。从"人—自然—服装"系统中体现了苗族人的顺应自然的造物观和应对能力。苗族服饰的结构、造型及装饰都体现着苗族人在艰苦的环境下积极应对的能力和节俭智慧，与自然和谐相处，天人合一的观念。

宗教、民族历史和生活环境的潜移默化的作用造就了不同支系审美心理，从而催生出独特的苗族服饰形象。叶朗的《美学原理》中说道，"无论是衣、食、住、行、婚、丧、嫁、娶、播种、收割、养鸡、放牛、采桑、纺织、打猎、捕鱼、航海、经商……，都包含着丰富的历史文化的内涵。如果人们能以审美的眼光去观察，它们就会展示出一个充满情趣的世界"。不管是哪个支系，苗族女人穿着服饰后的整体形象都是丰满的，戴的装饰品都是繁复的，穿的衣服都是层层叠叠的，刺绣都是满满的。可以说苗族妇女服饰的特征是"多""满"。

苗族服饰设计不仅追求实用，还要追求达到一个叙事的高度。因为，隐含在服饰形象里的情与境传达了信息，激起人们对美好生活的怀想和记录苗族人的历史，起到穿在身上的民族史诗作用。比如，长裙苗的女性盛装中飘带裙中的五段刺绣纹样代表了苗族的五次大迁徙。苗族人的服装与苗族的社会生活息息相关。在苗族社会有很多的民族节日，在这些节日中苗

族妇女们都会盛装打扮自己，尤其是苗家姑娘，她们的针线活已经成为小伙子们求偶评判的标准。服装更是苗族每个人人生阶段的标志，从出生到婚嫁再到死亡，在服饰上都有明确体现。苗族服装中常见的装饰纹样都能够在其民族的信仰之中找到渊源。如，枫树是苗族的发祥地，蝴蝶是"蝴蝶妈妈"，鱼纹代表多子多福，牛纹代表对蚩尤部落的崇拜，龙纹代表人们对于美好生活的期望等。在苗族服饰设计中，气韵的呈现除了宽衣大袖、棉帛印染、银衣盛饰等设计安排外，这些服饰及饰品连缀与变换出的灵动线条的韵律美也打动着人心。

概而言之，苗族人的思维方式决定了苗族人的审美方式是综合的、整体的。因此，苗族人在设计艺术活动中常常凭直觉和体验去把握，靠灵性和智慧去创造。这一点在苗族的传统服饰中也得到充分表现。

二、苗族服饰形式体现的设计元素

苗族服饰中蕴含一定的美的形式规律，包括均衡、对称、比例、节奏、韵律、变化、一致、对比。服装中美的形式与内涵高度统一，是服装造型中艺术性的必然要求，也是服装各构成元素中内在联系所趋。苗族服装中体现的形式美也是苗族人艺术创造力和审美素养的充分体现。

（1）均衡与对称。以均匀、平衡的方式表现不一样的内容，最终的画面形式常常带给人舒适、稳定、安逸之感，符合人类的视觉习惯。"对称"本身就具备均衡的特征。在服饰构成中，即使在跳跃的环境中也可以通过面积或色彩的改变来调节整体，达到均衡与和谐的画面感。这些美的形式在苗族服装上的主要表现为服装结构、衣身中纹样和色彩的左右对称，以人体的垂直中线为中轴，两侧呈镜面对称。总体来说人体是左右对称的，苗族的服饰中除大襟短上衣外皆是与人体的对称一致（图4-7）。

（2）比例。指画面大小、高矮、宽窄的一种关系。画面分割产生的比例将会拉开面积与面积的距离，造成重心的变化，从而产生部分与整体、部分与部分之间的对比。适当的比

图 4-7 对称结构的苗族服饰

例可以营造出优美的节奏和韵律感。例如，苗族服饰中的单品没有一味地追求"短"，而是在短衣、短裙的距离中中和了长及地面的飘带裙，从纵向视觉是拉长了苗族人形象，避免过度扁平造成的臃肿；双腿并没有完全地赤裸，而是螺旋缠绕着绑腿，形成最直观的肉色与绑腿布颜色之间的色块比例；在深色为底的衣片上，前身满绣满织，袖子和背部则留出了充裕的纯色"呼吸"空间。

（3）节奏与韵律。它是美的形式法则中的动态内容，使画面构成可以达到声线般的轻重缓急、抑扬顿挫的跳跃变化。节奏与韵律感在服装中极为重要，一个造型能否在沉闷中获得活力，主要依靠它的运用是否得当。苗族服饰在色彩上的对比与冲突造成"视觉音符"极为活跃，尤其是以深沉的黑色为背景，这种变化尤为明显。比如，相比纺织品的质感，银饰作为金属饰品在服装造型中恰到好处地带动了整个造型的气氛，尤其是项饰和头饰下端的流苏珠串坠子，随着人体动态而摆动，在最直观的视、听、触觉中共同打造出节奏与韵律带来的美的体验。

（4）变化与一致。它是动态形式美发生的根源，指在一致行为目标下规律的、适当的变化会带动节奏、韵律和比例的变化。例如，苗族服饰中动植物等元素在色彩和表现方式上的多样，没有将整体视觉混乱，反而在一致的目的驱动下将元素在组合过程中形成某种联系，而不是完全单独孤立。苗族服装中规整、稳定的格局与具有变化的、动态的、跳跃的元素组合，体现出了服饰中动、静结合之美。

（5）对比。通过大小、颜色、形状等对比增强视觉冲击力，产生强烈印象，提升作品的艺术感染力和设计感。苗族盛装古朴、大方、雅致，引人入目。从色彩上来看，盛装色调深沉，与刺绣装饰形成了明暗对比。彩色绸缎盛装整体色调华丽而不庸俗，给人以古朴自然的美感。苗族服饰中的主体服饰与辅助性服饰体现出了重点与辅助的协调关系，呈现出主次分明的视觉美感。盛装由外罩衣、内衣、百褶裙等主体服饰以及可拆卸袖套、围腰、飘带裙、绑腿、绣花鞋、雕梳以及各类银饰等辅助性服饰组成。辅助性服饰在衬托与点缀主体衣服的同时，也散发着独自的魅力。由于服装与饰物的结合，使本来用于满足人们基本生活需要的物质形态的衣服上升为具有更高层次的社会和精神需要的符号。服装被赋予了复杂的象征作用。

三、苗族服饰材料体现的设计元素

苗族服饰的制作主题选材和制作材料均源于自然。苗族服饰除护身、装饰作用外，服饰纹样在历史进程中还起到叙事作用。苗族服饰中较为稳定的传统服饰图案，作为一种表情达意的符号，展现出苗族人对自然的崇拜和与自然和谐共处的意识，它是物化在身，成为"美"的装饰工具，成为"苗族史书"。

苗族服饰制作的材料也是苗族人社会生活情况的映照——自给自足的经济类型。苗族生活的自然环境决定了他们对自然材料的可获得性，自然的美意在服饰材料中表现得尽善尽美。苗族人服饰的主要材料为棉麻，二次设计用的就是蓝染布和亮布。这些都是苗族人自己纺染织绣的天然材料，其结实耐用（图4-8）。

图4-8 几何纹蜡染布

苗族服饰图案中的植物、动物纹样，如：鹡宇鸟，翱翔于天际；野草，自由自在地生长于山间……这些纹样都是苗族人无拘束、享受自由思想的表现。例如，丹寨地区用羽毛制作的、绣满鸟纹的"百鸟羽衣"，将自由之情寄托于展翅飞翔的鸟儿，自由之美油然而生。苗族人的生活环境和生产资料都与天然环境密切相关，深深烙印着自然的痕迹和民族的智慧。制作服装的天然纤维来自于自然，服装的天然染剂提取于自然植物，服装纹样的取材来自于自然的动植物，而生活在自然环境中的人也是与自然关系融洽、和谐共生。

四、苗族服饰造型体现的设计元素

苗族服装造型是苗族人个性的集中体现。其服饰形制、款式、饰物，或繁或简，或疏或密，绚丽多姿，独具风采。从苗族服装的层次数、色彩、配饰不难看出，这是一个"喜多"且以"多"为美的群体。

在蔚为大观的苗族服饰中，女装尤为令人瞩目。上衣、下裙长短不一，配件繁多，饰物丰富。女子穿着5寸长的短裙苗族，在节日婚庆之时累积蜡染百褶裙数十条，多时上达30层，尤其在婚庆典礼时层层相叠的百褶裙与腰平齐。由于裙子过于厚重、宽阔，新娘进门时需要数人共同帮助才能进入屋内，虽显臃肿但苗族人沉醉于在其服饰穿着方式背后所带来的乐趣中。除苗族服饰中短裙的累积穿着方式外，还有发饰银片的堆叠与服装纹样的连续使用，不仅体现苗族支系"十里不同风，百里不同俗"的服饰差异性，同时也表达了生活在艰苦的自然环境和社会条件下的少数民族通过追求数量之"多"来达到对"多福多贵"的向往。在苗族群体中因数量而造就的造型，是"多多益善"的财富的象征，是女子能衣善做的表现。将美好憧憬穿在身上的苗族女性是乡间一道靓丽的风景线。

繁，可以形成一种风韵。苗族的许多服饰以多层次的构成、繁杂的花样表现一种令人难忘的造型，因而产生"强烈的效果"。如贵州丹寨县雅灰乡还有一种"百鸟衣"，上衣通身绣花，图案多为蝶鸟、龙凤等，造型生动，纹样古朴。长裙由十多条绣花带组成，花带末端皆缀白色羽毛和银铃，"百鸟衣"由此得名。再如苗族的围腰，它是苗族人的盛装中必不可少的部分，其工艺、装饰复杂，引人注目，极其富有特色。与银饰相配合而营造出的富有视觉、听觉、层次效果的造型，更是让苗族服饰形象锦上添花，从而达到苗族所期待的"富饶之美"。

层次多的服装，繁而有致，错杂有序，色彩与线条的巧妙组合，具有强烈的视觉效果，也是一种富裕的体现。

在苗族服饰造型中不乏大与小、疏与密的组合使用。它们或是造型中不可或缺的细节，或是点睛之笔。仅从银帽来看，根据穿着者的需求在银帽顶端放置银角或银钗，以"大""多"为美的苗族人将宽约 1 米、高近 0.8 米的银角呈现出巍峨雄壮之美，且以娇小的花纹和银坠装饰其中。帽檐下坠流苏，底端为叮当作响的银质铃铛，这不仅"绘声"而且"绘色"。苗族女性服饰中的古朴、大方的粗布短裙，美轮美奂的刺绣上衣，形象逼真的银饰，共同构成了苗族的乡土中不失典雅、坚挺中不失柔情的造型之美。领与肩膀处的直线裁剪、宽大的衣袖以及硬挺的方形围腰，共同构成了苗族服饰的庞大造型，使人看起来显得雍容华贵。

简，简得有意味。苗族服饰中有不少以简约为特征。苗族服饰的简约之美，就在于线条流畅、造型简洁、色彩单纯、大方潇洒。部分苗族支系服饰，或是简单的贯首衣、对襟式平面结构，或是单一的色彩，但也不失其美。通过衣边、袖、领口的装饰，让人并不觉得单调乏味，使服饰呈现出简约而不呆板。在苗族服饰构成中，繁与简并不是水火不相容，而是互相渗透的，换一句话说就是，繁中有简、简中含繁。繁与简的互补，组成了一个无限美妙的服饰艺术世界，也显现了千变万化的民族服饰的熠熠风采（图4-9）。

图 4-9 繁、简结合的苗族服饰

再以苗族百褶裙为例。贵州台江县台拱地区的苗族盛装极为华美，上衣多用黑色"斗纹布"缝制，衣领、袖、肩部均有花纹装饰，其百褶裙和花带裙则是简中有繁的杰作。一条百褶裙需用藏青色土布 20 米左右，按裙围周长将土布剪成所需的宽幅，然后将布展放在席面上并折叠成宽窄一致的小褶，用线分团固定，每条裙的褶数多达 500 个左右。有的百褶裙的每个褶内还绣上花卉鱼虫纹，乍一看上去裙子无花无彩，仅有一条条的直褶而已。然而，一旦穿者移步走动，褶内的花纹就显现了出来，随着脚步左右交替，花纹忽隐忽现，煞是好看。

繁简互补，实质上是各种线条的互补，是直线、斜线、横线、曲线的巧妙组合。不同形态的线条，都有着一定的审美寓意。如竖线有高瘦、挺拔、直立之感；横线有安静、稳定和削减身高、增加宽度的功能；斜线显得活泼，有运动感，富有变化；曲线、弧线使人联想到柔美、波动，能自然地显现人体的魅力。线条是服装造型的基本手段之一。苗族人娴熟地运用各种线条的组合、互补，造就了千变万化的各种服饰。

苗族服饰的或繁或简、有起有伏，简繁之间恰到好处的平衡，造就了服饰美的多样化，也给当代的时尚提供了丰富的设计元素。或上繁下简、或裙繁衣简、或服简饰繁、或服繁饰简，变化多端，显示了民族服饰的曼妙多姿，表现了美的多样性。

五、 苗族服饰审美上体现的设计元素

通过不同苗族支系的服饰，可以看到苗族服饰所蕴含的审美内涵及苗族人所具有的审美眼光。苗族人们以特定的服饰语言传达所想传达的符号，从而深化苗族文化内涵。苗族的社会构成的形成受集体的思想认同的影响，在上百个支系的思想观念中求同存异的基础上相依、相斥，支撑、融合。支系的认同，不仅影响苗族服饰的造型与内涵，还影响他们的婚姻、宗教信仰、对外交往的问题。宗教、民族历史和生活环境的潜移默化的作用，造就了不同支系的审美心理，从而催发出独特的苗族服饰形象。宗教信仰作为一种精神力量在民族服饰中的影响是不可小觑的。图腾是宗教信仰的重要表现形式。这些图腾不仅体现人类的自然观，还蕴含着丰富的神话传说。在人类的进化过程中，意识和科学在不成熟的阶段无法完整、形象地表述所感所想，于是形成了如今所见到的部分非写实的、抽象的图腾。如苗族服饰纹样中以龙和蛇为代表的凶猛神兽被高度简化，动植物等纹样与实物形象有出入且被赋予特殊的保护意义，就合理地印证了以上说法。

苗族长期生活在艰苦的自然环境中，对自然和自由的热爱，铭记在心、刻画在身。苗族人对自然的敬畏和适应，形成了她们的独特审美偏好。他们把对自然的感受记录在服装中，这与自然界和谐相处的观念相得益彰，正是这种灵魂与自然的契合，决定了苗族传统服饰的内容与形式。苗族人居住的大部分地区物种丰富，在这样的无拘无束的自然环境下，苗族人表现出对自由的格外尊重，如苗族青年男女的婚姻不受他人支配，即使是在封建社会时期他们也是以自由婚姻为主。自由的精神同样也体现在生活用品制作材料选取自主上。一方面，遵守和接受自然的支配，另一方面，在尊重自然的基础上抓住并使用规律，在与自然物质和能量交换的过程中苗族人与自然和谐共处，重视人与自然的关系，注重生态价值，善待自然、顺应自然，从中获得情感的寄托和美的享受，这也变成了美的一种表现形式。

苗族人的审美情感除了受以上宗教和地理环境影响，还有历史因素影响。在长时间的迁移途中，苗族先民承受着战争冲突和恶劣自然环境所带来的双重压力，始终坚守民族意志，热爱生活，包容万物。高度的包容性在服装中尤其体现在色彩的使用技巧中，如刺绣、织锦中的搭配色彩不局限于现代色相、明度和纯度的组合限制，鲜艳、跳跃的色彩在沉着的深色底色上显得活泼、灵动，这正是苗族人对生活乐观态度的真实写照。通过服饰表现的是，苗族人对生命的热爱和对美好生活的渴望，是一种包容万物的宏大文化内涵的美。

审视个体或群体的服饰面貌，不仅要关注服饰本身所带来的价值，更多的还要将其与穿

着者本身的气质结合判断。对苗族服饰美的感受和判断，也要参考多方面角度的特征，要从三个层面考虑：人美、衣美、人衣和谐之美。

人是社会活动的主体，是财富的创造者，是审美主体的同时也是服饰展示者。如深邃的双眼、黝黑的皮肤，透露出苗族人的勤劳、质朴之美，不同面貌和气质特征的人演绎出的服饰效果不尽相同，如身形健硕者体现健康、活力，娇小可人者则展示温婉、柔情。以群山环抱或乡间小路为背景，一群着装整齐的苗族人谈笑风生更显民族风情。

衣美，倾注大量时间和精力制作的苗族服饰，经纬交错、脉络贯通，平面化的服装看似稚拙却因内容丰富而生动起来。穿着在身的"苗族花园"，虽然服装整体风格相似、面貌相近，但是每一件却有着自己独特的细节，是每个绣娘个性和审美在服装中的具体表现。

人与服饰的和谐之美。服饰本身常常不能单独地被当作审美对象，服饰常常是与人体有机地结合在一起而被视为审视和欣赏。当苗民根据自己的喜好制作、穿着符合自己身型和气质的服饰时，那么可以说两者结合和谐、恰到好处，人能胜衣，且衣能尽美。在苗族历史的长河中，苗族服装为了更加贴近生活而不断地进行改进，如今呈现出的服饰面貌是历史、地理、科技、文化等综合影响下的产物，符合当代苗族人的审美和着衣风格，带有强烈的集体意识和传统观念，具有一种极富内涵的美感。

第三节 苗族服饰元素时尚创新设计

服装的形制、纹样、颜色关乎于其所属时代社会的制度、审美，乃至整个民族的历史、文化。现如今，由中国人的民族自豪感的提升而带来的对中国传统民族服装的追求，伴随着现代服装设计与生产技术的不断更新、新型服装材料的出现，人们对服装早已不是只停留在使用层面上的追求，而是追求更高层面的满足和需要。亲近自然、回归传统与发展多元文化，越来越成为人们的精神追求。因此服饰文化的创新开发，无论从何种角度来看，都具有重要的意义，对传统的多元文化的传承与发展是每个设计师义不容辞的责任。

在民族服饰元素创作实践中对设计元素进行解构、提炼、组合等方式，来实现设计元素转换应用。一般可以分为创意类与成衣类。创意类以艺术作品的形式来传达自己的设计理念，主要采用一定的工艺手法进行服饰造型设计与装饰设计。造型设计上以大廓形来突出形式感，配以精致的装饰细节，给人一种粗犷中呈现精致的视觉冲击力，从而增强作品的艺术美感。成衣类是从设计定位出发，提取设计元素，结合现代审美进行时装设计，考虑其适用性与审美性，款式设计上以简单的服装廓形为主表现其视觉美感。不管是哪一种类型的创新设计，都以正确解读民族服饰为前提，优美呈现为其目标。设计流程大同小异，大致如表4-1。

苗族服饰元素丰富多样，在色彩、工艺、图案、形制各个方面都具有鲜明的民族特色。

表 4-1 设计流程

设计流程	收集资料——相关资料收集，田野调查，市场调研，把握流行趋势
	提炼设计元素——分析，整理设计要素
	设计方案——设计理念，遵循设计法则
	设计草图——轮廓，造型，细节

苗族服饰独特的形态美、传统的服饰材料、服饰结构、刺绣工艺及纹样，"天人合一"的造物理念与爱物惜物思想就是其审美信仰与生活方式的体现，值得在现代服装设计中被借鉴与发展。

本书主要运用百褶裙，蝴蝶图腾、龙图腾、鸟图腾，几何纹样，花卉纹样，刺绣工艺等方面的元素对服装造型、色彩、纹样、工艺、材质、结构等进行创意设计实践，设计作品包括服装和文化创意作品。实践作品是"中国非物质文化遗产传承人研修研培计划"的结对创作，是立足时尚文化研究，对苗族服饰文化解读的创意实践。

一、服装造型创意设计

实例 1：主要运用苗族百褶裙、鸟图腾、刺绣工艺元素，对服装造型进行创意设计。

作品"执手听风吟"（图4-10）的设计灵感来源于苗族百鸟衣。在实践过程中，通过对衣身的结构形态、装饰部件的形式感、工艺手法等方面进行实践探索。款式上将苗族的百褶裙融合现代服装廓形设计，以三维立体的视觉效果，展现了绸缎质感下褶皱工艺所呈现的律动美（图4-11）。苗族历史悠久，迁徙频繁，为了纪念祖先、告诫后代珍惜幸福生活，他们常用纹样来描绘故土的自然与生灵。图案设计上将苗族人崇拜的鸟纹和鱼的形象进

正面

后面　　　　　　　　　　　　　　　　　　　　侧面

图 4-10 作品"执手听风吟"（张盟异设计）

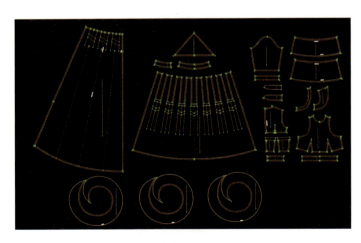

图 4-11 版型图

行几何化处理，寓意"鱼鸟呈祥"（图 4-12）。腰带和袖口处则采用了苗族叠绣工艺，代表着房屋和山川（图 4-13）。服装颜色灵感源自"绿水青山"，采用醋酸面料、欧根纱和羽毛材质。设计通过非遗刺绣工艺和传统服饰的时尚化运用，呈现出非遗国潮的独特魅力，同时也为服装增添了诗意和意境。

图 4-12 "鱼鸟呈祥" 刺绣

叠绣布片　　　　完成腰带

图 4-13 叠绣过程

二、服装色彩创意设计

实例2：从老绣片中提取纹样，运用于时尚单品上。色彩上借鉴 "好五色" 记载，尝试多种组合方式。

本设计作品是苗族服饰元素中色彩和纹样创新应用得很好的一次实践，也符合当下消费者的需求（图 4-14～图 4-17）。

图 4-14　刺绣样本

图 4-15 图案及色彩提取

图 4-16 色彩的多样化组合应用

图 4-17 不同色彩组合的卫衣实物 （张羽健设计，邰春花刺绣）（苗族）

　　实例3：主要运用苗族传统色彩和刺绣图案元素，按照市场调研的内容进行日常服饰设计。共设计了三个系列作品（由张羽健设计），这些服饰可根据不同场合的需要和季节的变化，进行多种组合和搭配，穿出多种多样的效果。

　　设计作品"破·生"的灵感主要源于雷山苗族的标志性色彩和刺绣纹样。服饰以日常装为主，设计点在于图案和色彩。"破"意欲破出当前民族文化的审美困境，取本民族的纹样与当代设计结合，走出雷山，走向现代。具体过程：第一步，对配色的提取。对当地的传统刺绣和服饰配色进行提取。尝试多个元素后，最终选择了可视性最强的雷山苗族头巾的配色

（图 4-18）。第二步，对图案进行创新设计。对传统刺绣纹样进行提取、变形，夸张处理，同时运用第一步所提取的配色（图 4-19）。第三步，服装效果图的设计。对第一、二步所形成的图案，结合刺绣和不同的工艺来表达"破"的理念。最终设计了网球套装、披肩套装、郁金香裙装。第四步，实物制作。

图 4-18 从传统头饰中提取色彩

图 4-19 从传统刺绣中提取纹样并创新设计

1. 系列设计 1——网球套装

网球套装采用白色牛仔面料制作。上衣为马甲，衣边采用苗族常用的织锦镶边，裙装的图案为苗族刺绣纹样的提取变形，因面积较大，所以采用机绣的方法（图 4-20、图 4-21）。

背包用皮质材料。从苗族蝴蝶状的荷包得到灵感，进行造型变形，整体采用蝴蝶形状，绿色蜡染工艺。高筒针织袜，上面印有苗族绣花纹样（图4-22、图4-23）。整体效果清爽、有活力，民族元素明显、靓丽。

图 4-20 网球套装—上衣设计

图 4-21 网球套装—裙子设计

荷"包"

图 4-22 背包设计

图 4-23 网球套装整体设计效果

2. 系列设计 2——披肩套装

披肩采用毛呢拼接设计。袖口处为雷山苗族头巾中提取的色彩，印花拼接，胸口处为以麻将为灵感设计的刺绣贴片（可拆卸）。裤子为牛仔面料的休闲裤，加刺绣图案拼贴。斜挎背包为三角粽子形状，上面有雷山头巾配色拼布（图 4-24、图 4-25），整体效果宽松休闲、随和简约。

图 4-24 披肩套装

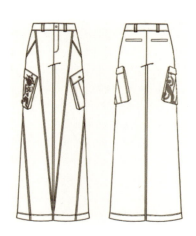

图 4-25 头巾配色麻将数字设计

3. 系列设计 3

　　风衣肩部采用绑带设计，用四色绣线编织绑带，袖口处采用头巾色彩的拼接，扣眼采用头巾色彩的绣花。裙子整体造型为郁金香花苞形状，露背，口袋、后背同样用头巾色彩绑带，胸口处有刺绣。两件衣服都以头巾色彩来点缀装饰，有明显的系列感，可以搭配组合穿。（图 4-26 ～图 4-28）。

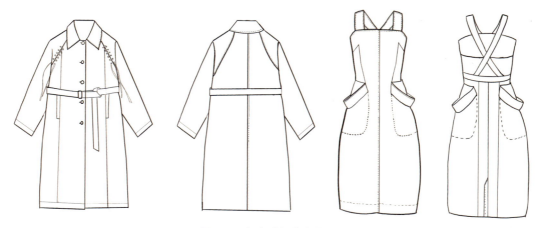

图 4-26 郁金香裙装套装系列

正面　　　　　　　　　　　后面　　　　　　　　　　局部

图 4-27 郁金香裙装

图 4-28 不同场合穿着的搭配效果图

三、服装图案创意设计

实例 4：运用蝴蝶、刺绣和百褶裙的褶皱元素进行创意设计。

苗族刺绣纹样种类繁多，画面精美，构图古朴，极富艺术感染力。其中对蝴蝶纹样情有独钟，流行着"蝴蝶妈妈"的传说。作品以蝴蝶元素为灵感，在结构上运用百褶裙的褶皱，工艺上运用苗绣手法，展现了苗族传统服饰文化与现代服装风格的融合（图4-29）。其色彩清丽，整体风格优雅（4-30）。

因设计的是礼服，所以面料尽可能要凸显高级感。因此裙身部分选择具有光泽感的丝缎渐变面料，刺绣蝴蝶的衣片选择丝绒面料，这样绒面和光泽缎面形成对比更有层次感（图4-31）。

图 4-29 灵感来源

图 4-30 色彩确定

图 4-31 面料确定

蝴蝶刺绣图案采用了平针绣、锁绣和打籽绣三种针法。在蝴蝶翅膀上将平针绣和渐变结合起来，翅膀上的花纹点缀采用了打籽绣针法，一些辅助图形上采用了锁绣针法（图 4-32、图 4-33）。创新应用了苗族传统服装中的百褶裙元素，即做局部褶皱造型置于上半身右侧。完成礼服的再设计。整体效果优雅、时尚（图 4-34）。

图 4-32 蝴蝶纹刺绣过程

图 4-33 蝴蝶纹刺绣的最终效果
（焦安琴刺绣）

图 4-34 白坯布样衣及完成品（郑芷涵设计）

四、服装工艺创意设计

实例 5： 对苗族传统刺绣工艺元素和百褶裙元素进行创新设计应用。

苗族没有文字，所有的历史都是靠古歌和服饰记录下来。在苗族传承的几千年各种精湛的刺绣工艺中有一技艺——锡绣（图 4-35）。作品对传统锡绣工艺进行创新设计，将锡绣中的几何纹样提取成勾连云纹，做成可重复的矢量纹样图，采用面料印花的方式呈现在服装上（图 4-36）。上衣的袖子上，将用水钻条粘合方式呈现纹样，清新靓丽，并为了更加凸显下裙的锡绣装饰，上衣为基本款的衬衫样式，长度为露腰设计。35 厘米长的短裙，借鉴苗族超短裙，并在现有的锡绣绣片和裙身前中安装暗扣，因锡绣的锡片不可水洗，不可接触高温，所以做可拆卸设计（图 4-37、图 4-38）。裙摆同样是可拆卸设计，做成后拖尾，6 层褶裥，裙长 110 厘米，一层黑色面料一层印花面料交叠，更有层次感。色彩采用简单的黑白搭配，增强勾连云纹几何感，整体简单、大气，又有古朴厚重的美感（图 4-39、图 4-40）。

图 4-35 苗族传统锡绣服饰

图 4-36 二次设计的勾连云纹

设计方案——上衣

短款白衬衫，衣身普通府绸面料，袖子用丝绸感面料粘合水钻条组合纹样图案

图 4-37 上衣设计方案

设计方案——短裙

35cm长的短裙，黑色西装面料，侧开拉链，系方扣皮带，安装暗扣固定绣片

图 4-38 超短裙设计

设计方案——拖尾

裁剪四分之一圆形裙摆，然后装6层尼龙网纱支撑，再缝合黑色丝绸感面料和印花欧根纱，面料做包边处理。

图 4-39 后拖尾设计

图 4-40 完成作品效果 （王梦设计）

实例 6： 以小花苗的极简结构、色彩、刺绣图案等元素进行创新设计。

作品《花苗火镰》的主要灵感来源于黔西北小花苗花背（图 4-41）。花背是小花苗民族的象征，如同史书，讲述着苗族先民大迁徙的历程，具有民族识别性强的特色，有着单纯极简的结构和暖色的挑花绣装饰。通过调研、分析，导出核心设计元素即零浪费的极简结构（包括衣领只有 4 片），自然、不束缚身体，实用功能强，暖色与冷色色彩，挑花绣和贴布绣为主的装饰工艺。以此为设计灵感源，选定设计方向为可穿性强、有创意的日常装。

图 4-41 灵感来源

（1）制定设计方案：服装风格含蓄、放松、不张扬，高雅而有文化内涵。整体造型立体、宽松有度，舒适、不受拘束，有空间感。结构上借鉴了花背的极简四片式、与身体巧妙适配的结构，直线剪裁、无袖。色彩以纯色中搭配小花苗的黄红暖色，装饰上不花哨。服装正面若隐若现地显露火镰印花，背面在裙子上只单纯地凸显刺绣，与自然型风格的女性消费者气质契合，具有随性洒脱的松弛感（图 4-42）。

正背面
各两片长方形
拼接各角

腰部可拆
自行系扎

拼接外
纹样装饰

腰部拼接
纹样装饰
后背拉链
H型

纹样装饰

图 4-42 设计方案

（2）图案纹样：火镰纹。火镰纹表现小花苗人适应恶劣环境的智慧及与自然和谐相处的"天人合一"观念。纹样的再设计遵循稳定感、流动感和疏密感。一是对称与均衡。在构图上反复使用点、线、面，把事物高度抽象化，构图简练。在纹样构图中遵循对称与均衡的形式美法则，整体呈现几何对称、工整有序、节奏明快、层次丰富的特点。二是条理与反复。借鉴小花苗刺绣以"+×"字格作基本骨架，在各交叉点上以方形组成四角对称的四方连续的花纹，其设计布局讲究、构图优美，富有节奏感，具有整齐、秩序之美（图 4-43 ～图 4-45）。

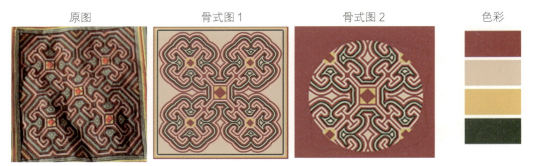

原图　　　　　　　骨式图 1　　　　　　骨式图 2　　　　　　　色彩

图 4-43　提取图案及色彩

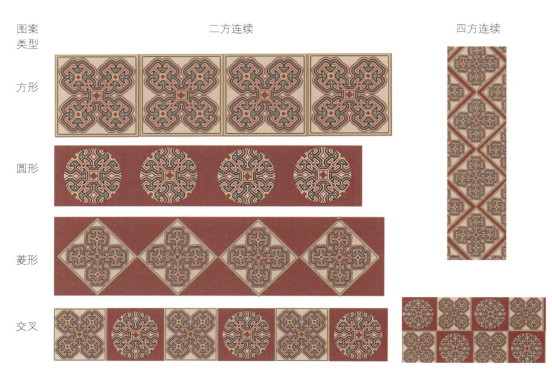

图案
类型　　　　　　　　　二方连续　　　　　　　　　　　　　四方连续

方形

圆形

菱形

交叉

图 4-44 纹样的多样化组合实践

图 4-45 完成的图案组合

（3）面料选取与工艺：主面料为醋酸面料和仿醋酸面料，增强了裙子的悬垂感。刺绣面料为薄棉布，方便挑花。刺绣工艺为挑花绣，又名数纱绣。纹样由无数个X为单位组成，绣出的纹样工整，极具几何美感，能广泛地应用在现代服饰设计中（图4-46、图4-47）。

装饰纹样与装饰方式

图 4-46 纹样应用方式

图 4-47 纹样刺绣（苗族）（胡建珍刺绣）

通过制作白坯布样衣再次确认服装的舒适度及款式是否合适。最终完成成衣，达到预期效果（图 4-48、图 4-49）。

图 4-48 样衣制作

图 4-49 作品《花苗火镰》（周慧玲设计）

实例 7： 对苗族的蓝染布、百褶裙、鸟图腾等元素相结合的创新设计。

将原材料通过一定手法形成设计元素，表现丰富、新颖的肌理感。尝试从面料改造的角度进行探索，赋予苗族传统蓝染布以新的艺术形式感，表达设计师的设计想法与艺术观念。

作品《衍生》以苗族传统蓝染布为灵感来源（见图4-50），结合百褶裙元素，又创新应用传统刺绣工艺，表达了新时代对苗族传统服饰文化的传承与延续（图4-51）。设计廓形参考近现代欧式的花苞型，上窄下宽；工艺上将现代花卉图案用数码印花表现出蜡染效果。半裙以苗族百褶裙为灵感，结合现代的褶皱形式进行再创造，又将刺绣片与羽毛坠饰相扣。整体效果清新、现代，又不失民族风格（图4-52、图4-53）。

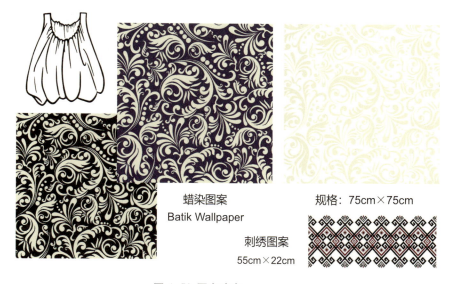

蜡染图案 Batik Wallpaper　　规格：75cm×75cm

刺绣图案 55cm×22cm

图 4-50 图案确定

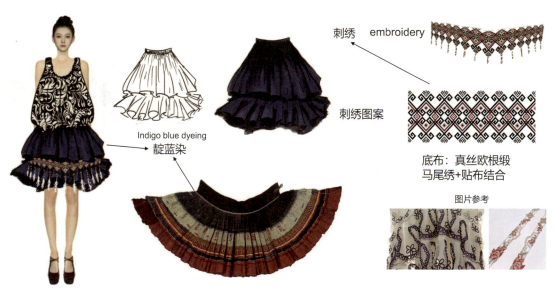

刺绣 embroidery

刺绣图案

Indigo blue dyeing 靛蓝染

底布：真丝欧根缎 马尾绣+贴布结合

图片参考

图 4-51 工艺与面料应用

图 4-52 样衣制作与过程

图 4-53 作品《衍生》（范珺设计）

五、文创产品创意设计

实例 8：主要从苗族的刺绣、蜡染中提取元素，在色彩和纹样上进行创新设计，运用于文创产品。

通过从苗族老绣片中提取的色彩为基调（图 4-54），在色彩纯度和色调上结合现代审美做一定的调整，以形式美进行相应的配色设计。对于图案元素的应用，尝试从传统蜡染中导出具有代表意义的鸟纹和几何纹样，用不同的色彩组合呈现时尚感（图 4-55、图 4-56）。通过对民族元素应用喜好的市场调研得出，消费者喜欢休闲、运动风的服饰，品类为运动衣、马甲、风衣、袜子、小包等。因此本作品将创新设计的底纹应用在 T 恤和帆布袋进行实践（图 4-57～图 4-59，作品由张羽健设计）。

图 4-54 从老绣品中提取色彩

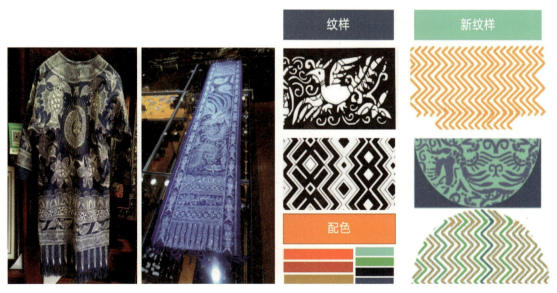

图 4-55 从传统蜡染中提取纹样

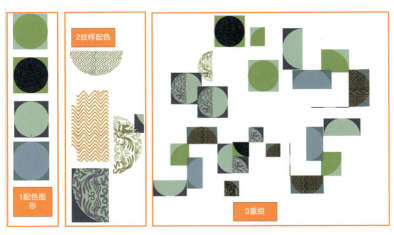

图 4-56 纹样创新设计过程

图 4-57 创新的底纹

图 4-58 应用于帆布袋设计

图 4-59 应用于 T 恤设计

第五章

民族服饰文化传承与发展

文化作为一个国家的软实力，对国家经济、社会和民族素质的提高具有重要作用。文化是民族的灵魂，文化强国的建设离不开民族文化。中国是一个多民族国家，中华文化是由56个民族文化融合而形成的文化系统，是在长期的社会历史发展过程中经历了反复的筛选、不断地检验而保留下来的。对优秀的民族文化加以传承和保护，发挥民族文化的独特魅力，是提高国家文化软实力，实现中华民族伟大复兴的重要前提。文化的生命力在于传承，文化的繁荣在于发展。民族文化的传承，连接着民族的历史、现实和未来，是功在当代、利在千秋的伟大事业。在文化强国建设过程中要实现对民族文化的传承和创新的统一，促进文化发展和繁荣，推动文化强国建设。

　　中国民族服饰文化是现代时尚灵感的重要来源，设计师们可将民族服饰样式和传统装饰要素进行现代解构和重新组合，从而创作出具有独特个性的现代时装。近年来，伴随着非物质文化遗产保护工程的深入开展，大多数民族服饰得到前所未有的关注，使得民族服饰文化在当代再生，在丰富多变的社会语境中活化。

第一节　民族服饰文化的时代际遇

　　随着现代社会和创意产业的发展，中国传统文化对世界的影响也在不断增强。对中国民族元素等中国传统文化的创新和推广，也成了创意服装发展的一个重要目标。中国服饰文化历史悠久，极富内涵，如蜡染、刺绣、扎染等文化遗产魅力四射，需要设计师与时俱进，用时尚的设计思维来传承发扬，为现代时尚注入民族服饰文化元素，引领现代时尚创新设计。

　　在悠长的历史长河中，广大人民群众通过自己的亲身体验和聪明智慧，把生活中的观察与经验凝聚成各种各样的民族元素，再通过产品表现出来，这种民族元素的总结是经得起考验的，也是充满民族特色的，是寓意最为深刻、文化理念最广的设计元素。因为民族元素的创造者是广大人民群众，所以它的受益群体也是非常广泛的，包括从呱呱坠地的孩子到白发苍苍的老人，生活在这片土地上的每个人，都很容易认识和接受它，这为民族元素创新打下坚实的群众基础。

　　在国际上，随着中国综合国力的提升，中国的文化影响力日益增强，中国传统服饰文化以其极致唯美、精湛的技艺，厚重的历史文化内涵，也吸引了世界时尚界的目光。在国内外服装设计师的时装秀中，不断能看到具有中国特色的装饰图案和风格。比如，国际时装品牌Christian Dior、Jean Paul Gaultier、Oscar de la Renta、Prada、Giorgio Armani等的设计大师们将中国的民族服饰以及刺绣、蜡染、流苏、蓝印花布、中国结等元素在时尚设计中反复运用，受到国际时装界的充分肯定。中国民族服饰元素在大批顶级奢侈品品牌上的使用和国际时尚潮流上的亮相，不仅扩大了中国文化在国际上的影响力，更对创意文化产业的"本土化"发展起到了重要的推动作用。

可见，民族元素与现代时尚之间存在着一种相互交织的需要。一方面，民族传统文化保护需要走开发性保护的道路，使保护与弘扬有机地结合起来，使这些传统文化中的民族元素通过现代的时尚设计体现出来，进而使民族传统文化成为时尚本身的要求，焕发出生机。另一方面，"时尚"创意的灵感也离不开古老传统服饰文化中包含的文化土壤。时尚创意要不断回归传统，从传统中获得灵感，从而使时尚能够脱离轻浮、浅薄的审美趣味，获得历史文化的厚重积淀。

纵观中外文化变迁中的优秀设计作品，人们可以发现其中往往注入了大量的典型性传统文化元素，而这些文化元素是促其成为全球当代优秀设计作品的重要源泉之一。

一、苗族服饰文化在当代的时代性

苗族服饰是中国民族文化的重要一部分，因其丰厚的文化底蕴、独特的传统审美支撑，在当下逐渐凸显其先天优势，具有很强的时代性。"文化自信"的提出，使各类具有显著民族特征的艺术形式，作为承载"本土化"与"文化自信"的媒介之一，日益得到了各行各业的广泛关注，为苗族民族服饰文化的弘扬提供了时代契机。

苗族服装中的设计资源众多、数量基数大，具有丰富多样的设计元素。若着眼于创造，结合创新，将苗族传统民族元素的完美形式、特色表达及深层内涵与现代服装设计的理念相结合起来，将设计元素很好地使用，既有利于现代服装的创新及现代创意服饰的不断发展，又有利于中国民族文化的继承、发扬和与时俱进。苗族服饰作为中国非物质文化遗产，传承与开发成为其保护的重要手段。如今在"中国设计"指引下，以"时尚"为指向与时代同步，为苗族民族服饰文化的都市再生提供时代际遇。要用现代时尚设计理念重新诠释苗族传统文化，把现代设计的技巧与传承下来的苗族传统民族文化资源——符号、技术、材料、技法等相结合，推陈以致其新，创造出新时尚及时尚产品，丰富其文化，走进世界市场。

苗族服饰文化在当代的时代性，是指苗族民族元素作为典型中国民族艺术中的个体，在如今中国全球化语境下，其特征更多的是由民族文化背后的文化基因所塑造。民族元素承载的文化，是由历代苗族人在漫长历史时期内，逐渐形成的观念、行为、风俗和习惯，表现出对自身、对世界的认知和反馈。苗族服饰文化经过了几千年的实践探索和审美经验积累下，形成了独特的内涵与审美情趣。因此苗族元素文化基因，是贯穿并承载民族元素当代社会性的重要支点，无论是当地的传承人或是当代中国设计师，在其文化基因为支点，要不断探索多元的民族文化当代建构方式。苗族元素的当代建构，势必需要与当代中国都市生活紧密相连的"时尚"为驱动，进行立足于当下都市时尚的创新设计。

因此，以苗族丰富的文化资源，融合当代的时尚语言参与创意设计，在全球各类时尚设计产品中要更加凸显其竞争优势。

二、苗族服饰文化在当代的适应性

苗族服饰文化，隶属于中国传统造物的设计实践活动，是历代苗族人在主动适应和驾驭客观世界过程中，力求达到"手脑合一"的高级活动之一。苗族不同支系服饰中纹样的题材、风格、材质等，体现了对当时当地生活环境的适应性。而今，在"中国设计"大背景下，其独特的服饰语言，加以时尚的风格、极具当代的形式感，同样吸引观众，适应当代的时尚。

首先，苗族服饰文化具有强烈的文化识别感。从现代主义风靡直至当下的半个多世纪，全球产品设计形式日渐雷同。久而久之，具有文化识别感的差异性设计产品，成了吸引观众的第一要素，虽然仅为表面因素，但其是引导设计作品进一步迈向成功的桥梁与大门。就当代设计作品而言，人们需要首先获取强烈的视觉冲击力并引起关注，随后才会继续他们的认知。苗族服饰以独特的造型，精湛的工艺，特殊的文化符号等在当代时尚界吸引眼球，具有很大的影响力。

其次，苗族服饰文化产生情感认同。情感首先由文化识别感激活，经记忆和想象得以强化。伴随着不同情感的激活到强化，对当代设计作品的文化认知，也从最初的注意阶段，转向更具价值观的喜爱、好恶感等情绪的产生阶段。苗族服饰反映的是各民族所共享和认同的记忆和文化符号，如龙、凤以及艰苦的环境下积极应对的能力和智慧，与自然和谐相处，顺应自然，天人合一的观念等。这种各民族共有的文化记忆和文化符号，是形塑中华文化认同，产生情感认同的重要载体，苗族服饰保持与维护了这种民族情感的根基性。文化认同是民族文化传承与创新的前提，是文化自信的实现基础。

再次，苗族服饰元素可以用当代方式解读。民族服饰元素的当代解读，需要依靠以往经验、本土知识、流行趋势的共同参与，加以设计的力量协同创新，合力完成。在厘清流行时尚的基础上，主动结合时代的语境，通过分析、比较、判断、推理、延展等理性行为，由表及里，最终以适合当代的方式，达到对本质的把握与认同。苗族服饰无论是款式、色彩还是材质，它体现的是对世界充满的喜爱和信任感，进一步解读，体现的就是"共生"。正所谓费孝通先生所描述的"美美与共，天下大同"。共生是一套适宜于中华民族共同体建设的文化价值体系，也是当代人可取的生活方式。在民族元素的时尚应用中，也需要共生。

三、苗族服饰文化在当代的创造性

当今时代，全球化、都市化进程的不断加快，使时尚在当代呈现出多元、快速发展的新格局。民族文化的时尚化创造不仅是中华民族认同的、张扬的民族韵味，也是其他国家接受并认可甚至迷恋的文化。国际时尚界对中华文化元素的热爱，更促使国内时尚界对民族元素的开发，这也就是民族时尚在中国的日常生活审美中经常出现的原因。民族化的时尚是当代中国设计师的使命，彰显民族文化、塑造民族气质、创造民族利益是一个设计师责任感的表现。

苗族服饰文化是中华民族服饰艺术中的重要组成部分，体现出民族心理和民族精神，记录了民族发展的历史，刻画了民族进步的印记，是民族传统文化得以发展和演进的最直接元素。苗族服饰文化反映了苗族人民的特有的生存方式、生活智慧、思维方式、想象力和文化意识以及艺术创作和审美情趣。将苗族服饰文化元素及其精髓更好地与现代时尚创意相结合，合理而有效地开发和利用，是文化强国战略下的重要任务，也是提高我国文化软实力和国际影响力的重要资源之一。

苗族民族元素，蕴含着苗族的历史记忆和文化内涵，也代表了他们热爱生活的态度。不可否认，在服饰尤其是创意服饰设计中融入苗族等民族元素，不仅使服饰成品有着很高的视觉审美、较强的购买竞争力以及研究价值，还能带来很高的经济价值。将蕴含民族审美情趣以及民族审美特色的民族元素和民族文化特点融入到现代服装设计创作的过程及形式中，达到传统与现代审美相结合的目的，正是民族服饰文化适应时代发展需要的表现。通过这样新的创造，推动我国民族文化的不断发展以及制作工艺技术的进步，并为现代服装设计提供新的灵感和理念，最终实现传统文化的创造性转化和创新性发展。

第二节　民族服饰文化创新性发展

多民族是我国的一大特色，也是我国发展的一大有利因素。各民族文化是中华文化不可分割的一部分，是中华民族共有的精神财富。各民族文化的交相辉映，共同铸就了中华文明的多姿多彩、历久弥新。

中华文化积淀了中华民族最深沉的精神追求，是中华民族生生不息、发展壮大的丰厚滋养；通往现代发达国家的路上，中华优秀传统文化是中华民族的突出优势。毫无疑问，对传统民族服饰的重视程度和服饰文化建设更是一个国家文化内涵的标志。文化是一个系统，文化传承与发展因而必须将整体性纳入考量。立足当前、着眼未来，激发主体能动性，调动内生动力，形成民族文化传承与保护的良好氛围，不断增强苗族人们的自我发展能力，可持续发展民族服饰文化。

一、 挖掘民族服饰文化精髓

民族元素是时尚创意的取之不尽用之不完的灵感源泉，面对越来越成熟的消费者和越来越多样化的市场，应该把民族服饰里的精粹与当代设计理念相结合，顺应时尚的变化，创造性地运用民族元素，使之成为全人类共享的财富。

1. 要探寻民族传统服饰文化的精神实质

各民族传统服饰文化作为中华文化的重要组成部分，与中华民族发展的历史一脉相承，是中华文化生命力和创造力的体现。不同民族、不同地域极富多样性的传统服饰文化，造就了一方百姓深刻的文化烙印，也正是这些文化烙印赋予了一个群体归属感和认同感。因此，民族文化的保护绝不仅是名录的登记和产品的开发那么简单，而是情感、习俗和价值观的代代传承。文化精神的传承是民族传统服饰文化传承的魂魄，是生命力之所在。

民族服饰文化是超越时空而存在的现在进行时的传统，是人们的想象力和创造灵感的来源。只有以精神为内核，以科技为支撑，随时代的发展赋予民族传统服饰文化当代气息，才能让民族服饰文化成为有生命的文化因子。所以，通过进一步规范民族服饰及印染织绣的文化内涵和整理文字作传承资料等方式，需要更准确地了解其文化内涵、解读其内容。

2. 要追求民族元素时尚设计的至善至美

很多时候人们谈论民族服饰文化的运用或民族元素时尚设计时，只是停留在表象，在设计上刻意地贴上传统图形就说是继承或创新设计，这样继承的东西往往是浅显和表象的。真正的继承与发展，应该是表达内在的精神实质，要找出民族传统文化与现代生活的连接点，满足当代消费者的时尚审美需求，在创新中传承，在发展中保护传统文化。民族元素的时尚设计应用中，以当代视野重新找出民族传统文化的美学价值，与现代社会的文化场域和人们需求相融合，进行设计创新。有时候，过分的"加工和美化"也会造成从旧到新的性质改变，往往在某种功利性目的的驱使下过分强调所谓"发展"和"创新"造成文化上的趋同性，实则是对民族元素时尚创意的歪曲。

时尚创新者应该对民族传统技艺有完整的认识，需要准确解读传统文化。通过学习和研究，深刻理解前人的造物智慧和传统服饰文化，这样创新才有一个结实的根基，创造出来的作品才可能是继承了深厚文化底蕴的设计。优秀的设计师对传统的忠诚，绝不等同于单纯的复古与模仿，亦不是对某个传统视觉符号的断章取义。时尚创新者在运用民族元素创新设计时，时尚来"激活"传统，要追求具有文化内涵的求新、求变，追求具有创新精神的精益求精、至善至美。

3. 要传承民族固有的审美心理

通过艺术的吉祥寓意来祝福生活，这是中华民族固有的审美心理。纵观传统民族手工艺品的形制、图案、色彩，无不暗含着一种吉祥的寓意，此间包含着一种文化理念，即传统民族手工艺品的审美并非无目的的、非功利的，而首先是为了满足人们祝愿日常生活美满的精神需要，绝不会制作枪炮子弹等寓意不吉祥的工艺品。现当代创新创意不宜违背这民族固有之审美心理，如破坏传统的文化心理结构，实际上是对传统民族文化中最核心、最有光彩、最具生命力的部分的践踏。

当代的艺术行走在历史和未来之间从没有纯粹的凭空想象与空穴来风，都是对历史的再度审视和反思后的产物，是承前启后、不断超越的过程。耐人寻味的是，在成功的设计师看来，结构、色彩等艺术形式的创新居然也要立足于民族固有之审美心理。创新源于传承，承载文化信息的设计看似流行前卫，但其往往与传统的设计一脉相承。

民族传统文化的创意产品开发上，民族特色是服饰元素创意设计的灵魂。消费者购买苗族元素产品的原因在于其独特的审美内涵和民族气质，所以在产品规划和设计之时，切记要保持产品最为本真的、最为纯粹的民族美。往往拥有优质民族特征的设计才能赢得消费者赞誉，才能得到价值认同，在个性化与世界化中找到最佳平衡点，最终能够得到市场的拥抱。所以，创意服装设计的市场转化时，以此作为设计出发点，提炼传统的苗族设计元素，把"民族精髓"融入到现代创意设计中，设计出基于传统、适合现代人使用的、符合现代流行心理需求的时尚产品。切忌在设计过程中生搬硬套，毫无设计逻辑，定要抓住核心价值，做到雅俗共赏，重视产品内涵，用以人为本的设计，使传统文化生生不息。

二、民族服饰文化的创造性转化

民族服饰的创新性发展，不仅需要加大服饰技艺方面的保护，还需要注重社会建设中的诸多因素的关联性，必须将民族服饰文化通过再设计转化成有形的文化创意产品。这样文化不再只是形而上，而是成为真实的、可以触摸的时尚产品，从而取得事半功倍的经济收入和社会影响。民族传统文化的保护和利用所涉及的领域也众多，内容复杂，覆盖面广，任务艰巨，需要投入巨大的财力、物力和人力，要在短期内完成或取得重大的突破都是很难的。因此，必须坚持科学规划、分步实施、逐步推进、长期坚持的原则，扎扎实实走好文化建设每一步，才能行稳致远。

1. 打响传统民族服饰文化品牌

要深入挖掘潜力、加大开发力度，加强宣传推广，打响传统民族服饰文化品牌。科学规划品牌计划、建立品牌战略、增强品牌意识，采取与高校或机构合作，组建由民族服饰传承人、设计师、专家、高校教师等参与的产品开发专家团队，"术业有专攻"，人们可以各司其职，对民族传统服饰文化工艺进行深挖打造，帮助文化扶贫就业工坊提升工艺产品品质，解决工艺难题，提高产品价值，将产品推向高端，畅销于市场。与服装设计、产品设计、历史、社会学等学科的专业人才和院校的项目合作，寻求专业的技术支持；与优秀的文化产业企业合作，集思广益，让苗族服饰在保护的过程中有文化依据。

民族元素服饰产品需要走产业化发展道路。民族元素服饰的生产应该由家庭内部的自给自足转而走上有组织、有领导的时尚化商品生产的道路。例如，根据产品流水线的构成，制定从产品生产源到零售环节的专业化发展模式：种植中心－产品设计研发中心－手工订制中心－工厂－销售中心。需要做好充分的市场调研，把握市场的需求动态，有针对性地开发出适销对路的商品[1]。

2. 实现"各美其美、美美与共"

把民族服饰文化的传承与保护工作融入到旅游产业、文化产业乃至乡村振兴的大战略中来，实现"各美其美、美美与共"。结合苗族地区生态园区，开发当地资源，倡导"绿色的民族特色之旅"，运用苗族服饰元素，建设旅游产品体系，最大限度地把文化资源优势转变为经济优势，助推民族文化传承与保护工作取得良好成效。比如，把雷山的短裙苗支系和长

---

[1] 龙英. 传承保护视角下的贵州刺绣旅游产品开发设计的意义与策略 [J]. 贵州民族研究，2012，33(5)：54-56

裙苗支系的特色打造出有生命力的文化产业，形成相互呼应、相互补充、各美其美、美美与共的国内外知名苗族文化旅游胜地，助推雷山民族传统文化传承与保护工作。借势将苗族民俗节日、传统歌舞打造成品牌，如苗年、爬坡节、鼓藏节等；通过旅游开发为民族服饰提供更多展示机会，将苗族服饰工艺品如服装、银饰、刺绣手工艺等打开销路，也为当地提供更多的就业岗位。同时也要利用与消费者接触的机会，及时地做出反馈，进行创意设计，反哺于苗族元素时尚产品。

3. 多渠道推动民族服饰文化"出山"

多渠道引进各大知名电商企业，采取订单生产、以销定产等方式，扩展民族传统文化扶贫就业工坊工艺产品的销售渠道，以文化发展带动经济发展，经济收入促进文化发展，为民族服饰产业化开拓新模式，推动民族文化"出山"，助力脱贫攻坚。

结合现代科技，开设苗族传统文化官方平台，实时更新资讯；普及苗族历史文化及传统服饰工艺小讲堂，开设有奖问答等环节，增强与粉丝互动；集思广益，通过社交公共网络的互动增强信息流通，资源共享，将得到的反馈信息反哺苗族服饰文化的保护和苗族元素时尚创意再设计。

4. 加强民族传统文化创意"能人"素质提升

苗族人民是苗族文化和技艺的创造者，同时也是受益者，培养她们民族工艺制作的精益求精态度，学习一技之长，杜绝粗制滥造的工艺品，专注原汁原味的民族工艺品，从而保障苗族服饰的"含金量"和价值，预防人才流失，培养具有坚定文化自信、全心全意投入民族文化创造性转化工作的高水平人才，与时俱进、推陈出新，把民族服饰文化更好地传承下去。

采取推荐到外地学习、针对性培训等方式，开阔眼界、提升素质，培养一批技能精、能力强的民族传统文化传承带头人。通过专业学习，掌握本民族技艺可供长期使用且换来经济效益，用更好的设计展现民族传统文化延伸产品，提高民族传统文化创意产品的市场竞争力，使现代设计走进传统工艺，发展自己的品牌文化，提高产品附加值，带动苗族手工艺产业发展，达到保护、传承、创新的作用。

虽然苗族服饰有很强的产品可塑性，有较高的研究价值，保持较完整的民族风貌，但是现在仍处于待开发状态中，还有一段很长且艰难的产业化、品牌化的产品之路，需要时间来实现。要"不忘初心、牢记使命"，才能推动中华优秀传统文化创造性转化、创新性发展。

参考文献

[1] 安丽哲. 符号·性别·遗产——苗族服饰的艺术人类学研究 [M]. 北京：知识产权出版社，2010.

[2] 岑应奎. 蚩尤魂系的家园 [M]. 贵阳：贵州人民出版社，2005.

[3] 邓启耀. 民族服饰：一种文化符号 [M]. 昆明：云南人民出版社，1991.

[4] 范明三，杨文斌，蓝采如. 苗族服饰研究 [M]. 上海：东华大学出版社，2018.

[5] 费孝通. 中华民族多元一体格局 [M]. 北京：中央民族学院出版社，1989.

[6] 政协贵州省雷山县委员会. 雷山苗族服饰 [M]. 昆明：云南民族出版社，2012.

[7] 和少英. 人类学／民族学与中国西南民族研究 [M]. 昆明：云南大学出版社，2015.

[8] 雷山县志编纂委员会. 雷山县志 [M]. 贵阳：贵州人民出版社，1992.

[9] 龙光茂. 中国苗族服饰文化 [M]. 北京：外文出版社，1994.

[10] 吕胜中. 再见传统 [M]. 北京：三联书店，2003.

[11] 苗延荣. 中国民族艺术设计 [M]. 沈阳：辽宁科学技术出版社，2010.

[12] 苗族简史编写组. 苗族简史 [M]. 北京：民族出版社，2008.

[13] 鸟居龙藏. 苗族调查报告 [M]. 国立编译馆，译. 贵阳：贵州大学出版社，2009.

[14] 鸟丸知子. 一针一线——贵州苗族服饰手工艺 [M]. 北京：中国纺织出版社，2011.

[15] 潘定智，杨培德，张寒梅. 苗族古歌 [M]. 贵阳：贵州人民出版社，1997.

[16] 田鲁. 艺苑奇葩——苗族刺绣艺术解读 [M]. 合肥：合肥工业大学出版社，2006.

[17] 宛志贤. 苗族银饰 [M]. 贵阳：贵州民族出版社，2004.

[18] 韦荣慧. 中国少数民族服饰 [M]. 北京：中国画报出版社，2004.

[19] 吴仕忠. 中国苗族服饰图志 [M]. 贵阳：贵州人民出版社，2000.

[20] 伍新福. 中国苗族通史 [M]. 贵阳：贵州民族出版社，1999.

[21] 谢仁生. 西南少数民族传统生态伦理思想研究 [M]. 北京：中国社会科学出版社，2019.

[22] 杨鹓国. 苗族服饰：符号与象征 [M]. 贵阳：贵州人民出版社，1997.

[23] 杨阳. 中国少数民族服饰赏析 [M]. 北京：高等教育出版社，1994.

[24] 杨源 . 中国少数民族服饰文化与传统技艺概论 [M]. 北京：中国纺织出版社，2019.

[25] 杨正文 . 苗族服饰文化 [M]. 贵阳：贵州民族出版社，1998.

[26] 叶朗 . 美学原理 [M]. 北京：北京大学出版社，2011.

[27] 中国民族博物馆 . 中国苗族服饰研究 [M] . 北京：民族出版社，2004.

[28] 钟茂兰，范朴 . 中国少数民族服饰 [M]. 北京：中国纺织出版社，2006.

[29] 周晓虹 . 中国中产阶层调查 [M]. 北京：社会科学文献出版社，2005.

[30] 朱净宇，李家泉 . 少数民族色彩语言揭秘 [M]. 昆明：云南人民出版社，1993.

后记

从事民族服饰文化及时尚研究 20 多年来，本人对中国民族服饰资料的收集与整理一直没有间断，成书的想法一直在。只是这 20 多年来每个假期一直都处于调研、访问、交流等工作中，始终没有时间和精力执笔写书，实为遗憾。2022 年，因为疫情没能外出去调研、访问，于是也就有时间来完成一直以来的心愿。

本书是我多年来对中国民族服饰艺术研究和教学实践经验的积累和思考，立足时尚文化研究，从创意设计的角度分析苗族民族服饰中蕴含的设计元素，探讨民族元素在当前时尚语境中的价值和借鉴方法，旨在当代全球时尚的语境下重新去关照和解读中国民族文化，让各族人民的智慧和丰富的审美经验，借"时尚"之名以新的方式得以传承、发扬。本书在编写过程中，采用民族学、艺术学、历史学、文化学、美学、服装学等多学科交叉的综合理论，既注重理论的系统性、条理性，又注重专业性、实用性和可操作性，以中华优秀传统文化的"创造性转化、创新性发展"的方针，使理论与实践相结合，提出民族元素创新设计应用的思路和切实可行的建议。

本书得以撰写，首先要感谢服装与艺术设计学院"美好与时尚"的大家庭。领导们多年来一直重视民族传统文化与时尚创意，发挥学科优势而承接了国家非物质文化遗产传承人研修研培计划，方便了本书的资料收集。还要感谢提供资料和帮助的许多老师、同学们。本人的研究生唐丹琦、王鑫、周慧玲、张羽健、黄凯芊，东华大学非遗研培结对创作的同学们，都为本书的撰写给予了协助。也要感谢通过"非遗研培"结缘的非遗传承人们和相关工作人员，她们提供了宝贵的资料和支持。感谢你们，感恩遇见。

特别感谢东华大学出版社谭英老师多年来的鼓励和支持；感谢光明日报出版社张金良先生在疫情期间数次敦促相助。本书的出版还得到了"上海文化发展基金会资助项目"资助，在此一并感谢！

感谢一路遇到的所有人！

张顺爱